理工系学生のための

基礎化学

有機化学 編

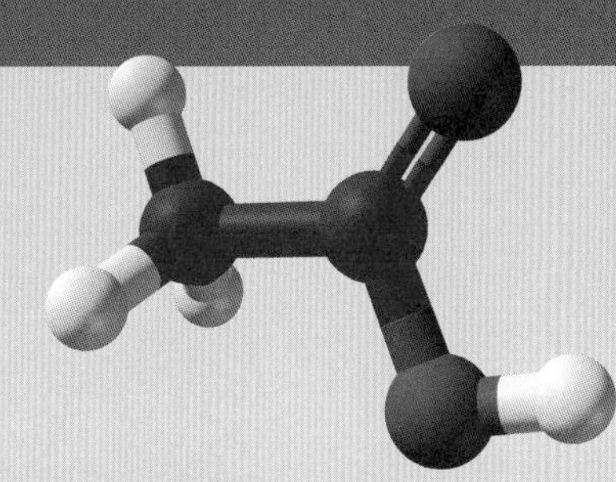

［著者］
鈴木 啓介
後藤　敬
豊田 真司
大森　建

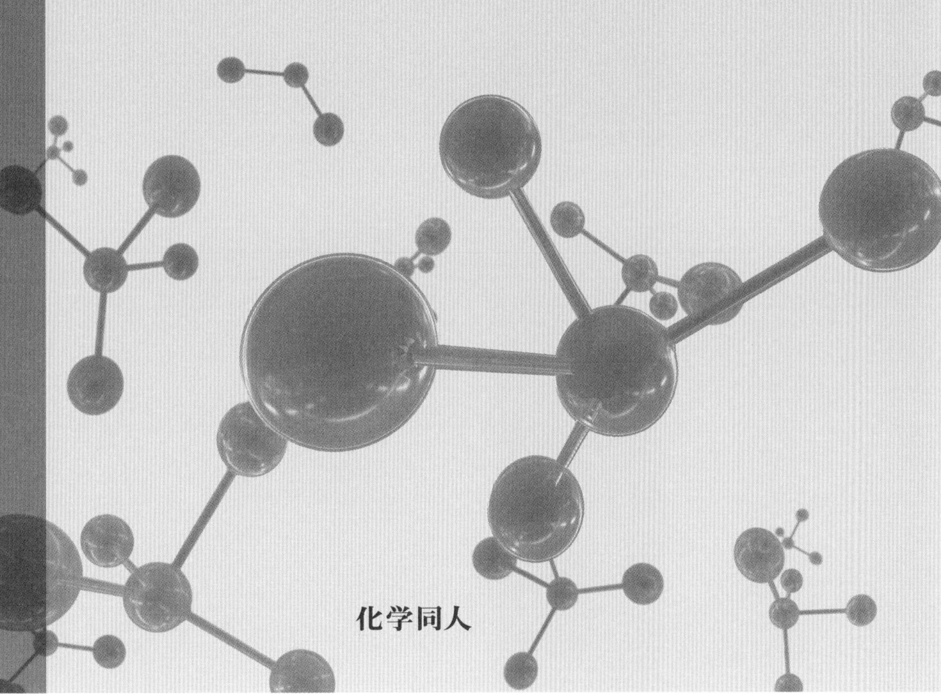

化学同人

はじめに

「理工系学生のための基礎化学」は大学初年次の理工系学生が化学の基礎を学ぶために企画されたシリーズの教科書であり，無機化学，有機化学，量子化学，化学熱力学の各編からなる．原子と分子の性質に基づいた化学物質の構造，反応，性質などに関する基礎的な学修を通して，化学で用いられる理論や考え方を修得することを目的としている．

われわれのまわりには食糧，燃料，医薬品，高分子，電池材料など多種多様な化学物質が存在し，その恩恵を受けて生活している．一方で，持続可能な社会を構築していくために，化学物質の循環や有害物質の軽減は喫緊の課題となっている．化学は「セントラルサイエンス（the Central Science）」とも呼ばれ，科学のさまざまな分野と密接な関係があり，相互に連携しながら発展してきた．したがって，より有用な化学物質を発見したり，化学物質に関する諸課題を解決したりするために，化学の役割は非常に重要である．理工系および関連の幅広い分野を専攻する学生が，化学の基礎を修得し，化学物質に関わるあらゆる問題に取り組むことは，社会における重要な使命の一つである．

科学技術の発展にともない，化学者は数多くの化学物質を作り出してきた．論文や特許に報告されている化合物は 2 億を超え，これらの性質を個別に把握するのはもはや不可能である．幸いにも，化学物質の結合を正しく理解し，構造や性質を決める理論や法則を学んでいくと，体系化された化学の全体像が見えてくるはずである．その段階に到達するためには，単に個別の事項を「覚える」のではなく，基礎に基づいてなぜそうなるのかを「考える」習慣を身につける必要がある．また，物質の理解を深めるためには，新しい概念を導入する必要がある．その一つが量子化学に基づく電子状態や結合の理解であり，これに慣れてくれば化学物質の見方が変わるはずである．このように，本書が高校から大学への化学の橋渡しになることを期待している．

本書「有機化学編」は有機化学分野の基礎をまとめたもので，7 章から構成されている．第 1 章では有機化合物の結合を理解するための共有結合と混成軌道について学び，第 2 章では有機化合物の構造や立体異性体を説明する．続いて第 3 章では結合の分極と，酸と塩基の理論について解説する．第 3 章までの基礎事項に基づいて，第 4 章以降では代表的な有機反応の形式と特徴を学ぶ．第 4 章ではハロゲン化アルキルの求核置換反応と脱離反応，第 5 章ではアルケンに対する求電子付加反応，第 6 章では芳香族化合物の求電子置換反応，第 7 章ではカルボニル化合物のさまざまな反応について説明する．これらの反応は有機化学でよく見られ，反応がどのような過程で進行するか，すなわち反応機構の基礎を学ぶために重要である．本書では，発展的な事項については「発展」，興味のある話題については「Column」の欄を設けている．各章には章末問題があり，学修内容の理解度を確認できるようにしている．

本シリーズの刊行にあたり，多くの先生方に原稿執筆や査読で貴重な時間をおとりいただいたこと，ご協力やご助言をいただいたことに感謝する．また，化学同人編集部の佐久間純子氏に大変お世話になった．ここに深く感謝の意を表したい．

2023 年 4 月

著者一同

◆目　次◆

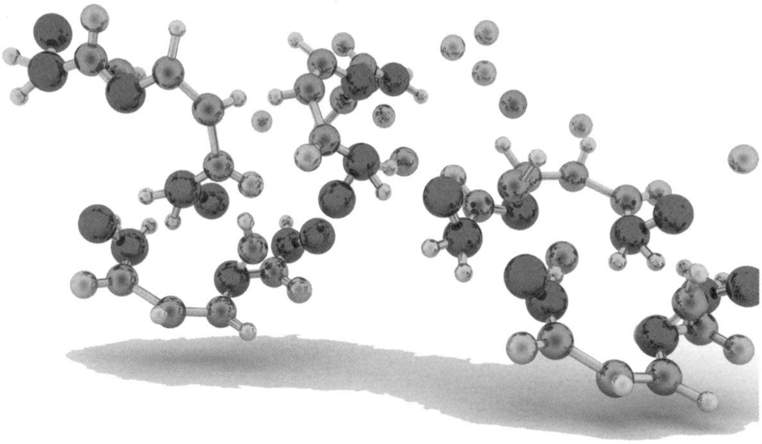

第1章

有機化合物の結合

Introduction

有機化合物とは，炭素原子を基本構成元素とするさまざまな化合物の総称である．本章では，その多様性の起源となる，炭素原子の特徴を紹介する．

1-1　炭素原子の特徴：多様性の起源

かつて有機化合物は「生命体に由来する物質」と定義されていた．しかし，尿素の合成（1828年）により，生命活動によらなくとも生成可能なことがわかって以降，より広く「炭素原子を基本構成元素とする化合物」と再定義された．化合物の種類は2億を超しているが[*1]，有機化合物がその半数以上を占めるともいわれている．他に含まれるおもな元素は水素，酸素，窒素，リン，硫黄，ハロゲンなどに限られているが，それらの組み合わせから膨大な種類の有機化合物が生み出されるのはなぜだろうか．その秘密は，他の元素にはない，炭素原子に特有の性質にある．

＊1　アメリカ化学会の一部門であるケミカルアブストラクツサービス（CAS）は，新しい化学物質の情報を集めて登録している．

(1) 原子価4：炭素の原子価は4であり，結合を介して4つの原子と結合できる．周期表で両隣のホウ素と窒素では，それぞれ結合の数は3つである（図1.1）．

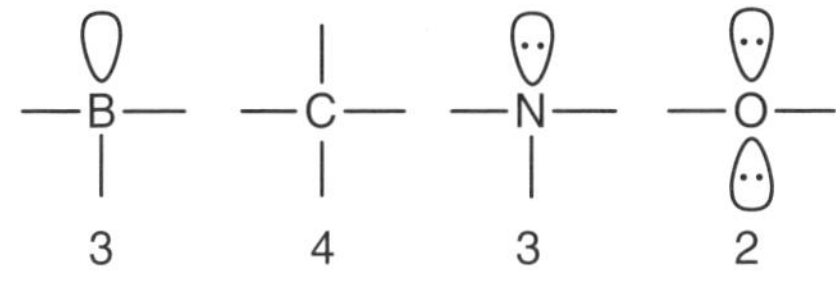

図1.1　結合の数

(2) 多数の炭素原子同士を自由に連結させることができる：直鎖状のみならず，枝分かれや環状のつながりも可能である（図1.2）．また，環構造を作ることができることも多様な分子ができるもととなっている．

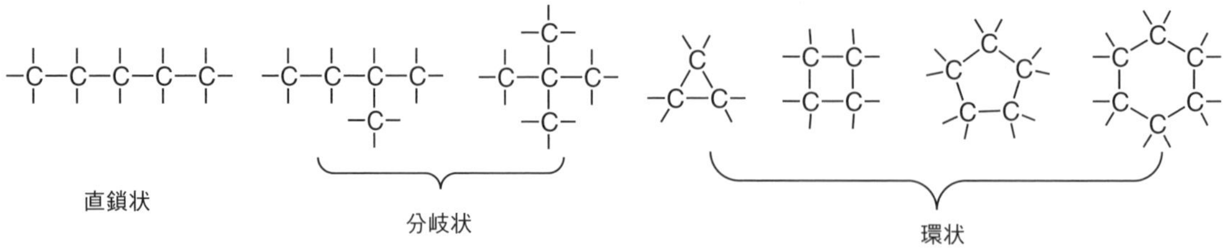

直鎖状　分岐状　環状

図 1.2　炭素原子同士のつながり

(3) 多重結合を作る：容易に二重結合や三重結合ができ，さらに炭素鎖を伸ばすことができることも，炭素原子に特徴的な性質である．また，周期表で炭素原子の横にある窒素原子では三重結合を作ると窒素分子となり，そこからもう結合の余地はない．周期表で炭素の下に位置するケイ素は半金属元素に分類され，多重結合の生成は困難であり，また，生成しても一般には不安定である（図 1.3）．

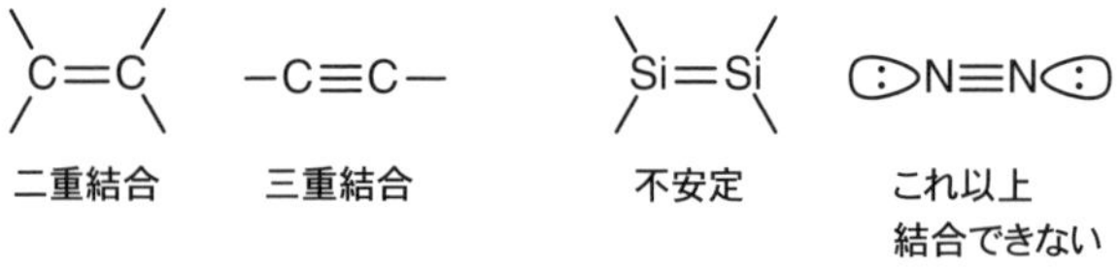

二重結合　三重結合　不安定　これ以上結合できない

図 1.3　多重結合の生成

(4) 立体化学：メタン分子のように炭素原子が 4 つの単結合を作る場合には，それらの結合は正四面体の頂点の方向を向いている．ここに異なる原子が結合している場合，**鏡像異性体**が生成する．このこともまた，炭素を中心とした組み合わせ（場合の数）を増大させる一因となる．

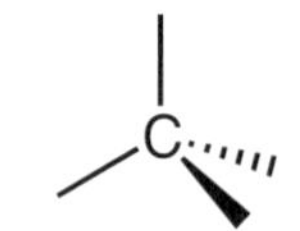

図 1.4　四面体構造

1-2　基本となる炭素の共有結合

原子同士を結びつける化学結合には，主として**イオン結合**（ionic bond）と**共有結合**（covalent bond）がある．イオン結合は原子間での電子の授受に基づいており，例えば，リチウム原子とフッ素原子との間で 1 電子がやり取りされると，それぞれ貴ガスの電子配置となる．こうして生

成する Li^+イオンと F^-イオンとの間には静電引力が働き，両者を結びつける．これがイオン結合である．

$$
\underset{1s^2 2s^1}{\mathrm{Li}\cdot} + \underset{1s^2 2s^2 2p^5}{\cdot\ddot{\underset{\cdot\cdot}{\mathrm{F}}}:} \longrightarrow \underset{1s^2}{\mathrm{Li}^+} + \underset{1s^2 2s^2 2p^6}{:\ddot{\underset{\cdot\cdot}{\mathrm{F}}}:^-} \longrightarrow \mathrm{Li}^+\,\mathrm{F}^- \tag{1.1}
$$

しかし，有機化学の主役である炭素原子ではそうはいかない．なぜなら，周期表の左右の中央に位置するので，貴ガス構造となるには 4 電子を失って C^{4+}となるか，4 電子を受け取って C^{4-}となるか，が必要となってしまうので，いずれにしてもエネルギー的に不利で，とても現実的ではない．そこで，その代わりに炭素原子は他の原子と電子を共有し，貴ガスの電子配置を満たすことになる．これが共有結合である．メタンをはじめとする，多くの有機化合物は共有結合でできている．

$$
\underset{1s^2 2s^2 2p^2}{\cdot\dot{\underset{\cdot}{\mathrm{C}}}\cdot} + 4\mathrm{H}\cdot \longrightarrow \underset{1s^2 2s^2 2p^6}{\mathrm{H}:\overset{\mathrm{H}}{\overset{\cdot\cdot}{\underset{\mathrm{H}}{\underset{\cdot\cdot}{\mathrm{C}}}}}:\mathrm{H}} \tag{1.2}
$$

共有結合について，水素分子の生成を例として，軌道論による見方を概観しよう．

$$
\mathrm{H}\cdot + \cdot\mathrm{H} \longrightarrow \mathrm{H}:\mathrm{H} \tag{1.3}
$$

さて，2 個の水素原子が接近すると，両者の原子軌道同士が重なり，その結果として，2 つの**分子軌道**（molecular orbital）が生成する．一方はもとの原子軌道よりもエネルギーの低い**結合性分子軌道**，他方はエネルギーの高い**反結合性分子軌道**である．これは，1s 軌道同士の重なりが同位相か，逆位相かによるものである．この結合性分子軌道に 2 電子が収容されると，エネルギー差（D）の 2 倍の安定化がもたらされるのが，共有結合形成の本質である（図 1.4）．

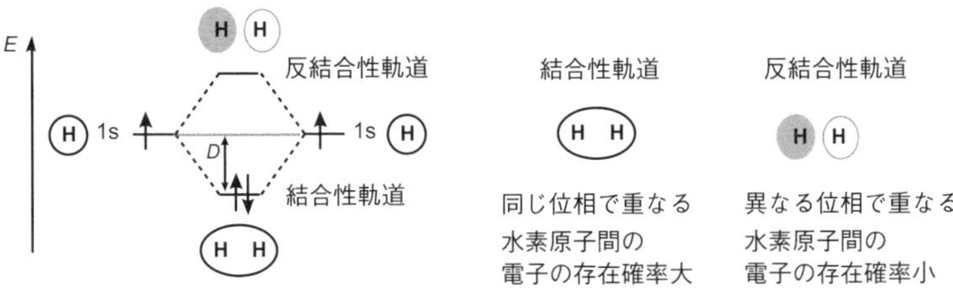

図 1.4　水素分子の分子軌道

1-3 炭素の軌道と形：混成軌道

先述のように炭素の原子価は 4 であり，メタン分子に見られるように，4 つの等価な共有結合を生成することができる．このことはどのように説明されるだろうか．図 1.5 に示すように，基底状態における炭素原子の外殻電子配置は $2s^2 2p^2$ であり，2 つの不対電子が存在する．このままでは，そもそも原子価が 4 ということが説明できない．たとえ水素原子が近づいてきても，2 つの水素原子と結合が生成するだけで，1 つの 2p 軌道は空のままである．

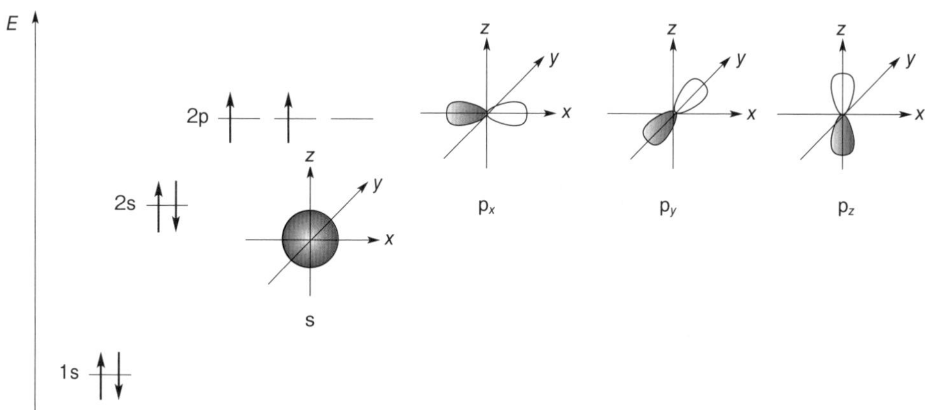

図 1.5 炭素原子の電子配置（基底状態）と軌道の形

ここで**混成軌道**（hybrid orbital）の考え方が登場する．例えば，s 軌道と p 軌道を重ね合わせると，その符号が一致した部分は強め合い，異符号の部分は弱め合うので，新たに方向性を持った軌道ができる（後述の sp 混成軌道である）．また，同じ軌道を逆に組み合わせると，逆の方向性を持った軌道ができる．このように，異なる軌道を重ね合わせて作る新たな軌道を混成軌道と呼ぶ（図 1.6）．

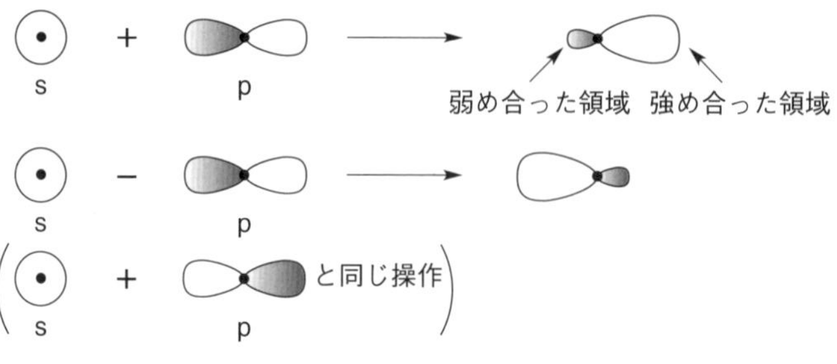

図 1.6 混成軌道の考え方

(1) メタン分子の成り立ちと sp^3 混成軌道：混成軌道の考え方により，メタン分子の構造を説明しよう．以下，A～C を順番にたどってみてほしい．

A. 昇位と混成　まず，炭素原子の 2s 軌道に入っている電子の 1 つを 2p 軌道に移す．これを**昇位**（promotion）という．こうするとエネルギーを損するように見えるが，後に 4 つの σ 結合が形成されるので，それを補って余りある形となる．次に，2s 軌道と 3 つの 2p 軌道を混成させると，エネルギー準位の等しい 4 つの軌道ができる．これが sp^3 混成軌道である（図 1.7）．

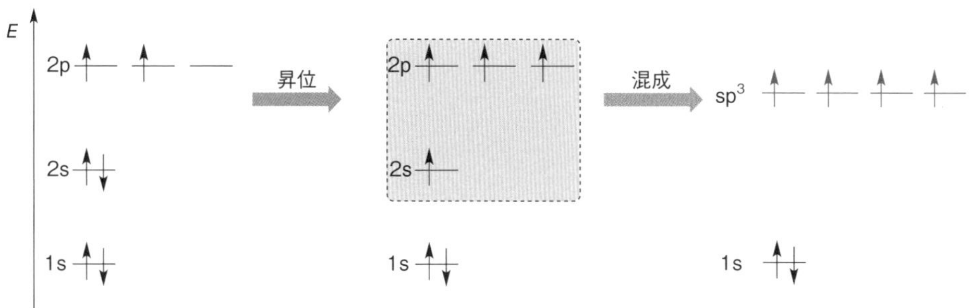

図 1.7　sp^3 混成軌道の生成

B. sp^3 混成軌道の形　これらは原子核を中心として互いに 109.5° の角度をなす，4 つの等価な軌道である（図 1.8）．

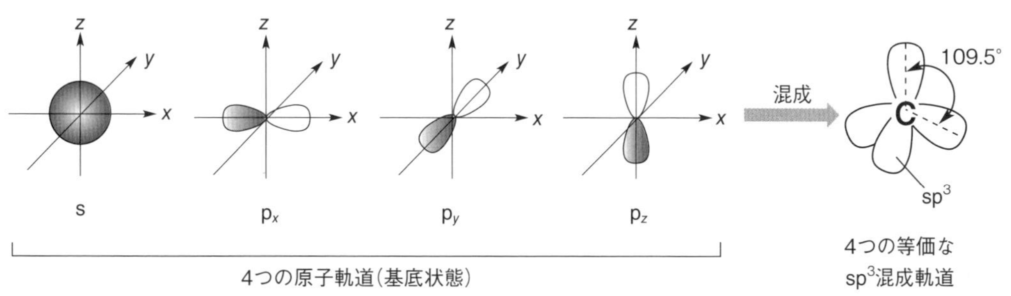

図 1.8　sp^3 混成軌道の形

C. メタン分子の完成　こうしてできた 4 つの sp^3 混成軌道には，1 電子ずつ収容されている．それぞれに水素の 1s 軌道を近づけてきて重なり合わせると，**σ 結合**と呼ばれる 4 つの共有結合が形成される．こうしてメタン分子の構造，すなわち 4 つの等価な C—H 結合が正四面体方向に向いた構造が説明される（図 1.9）．

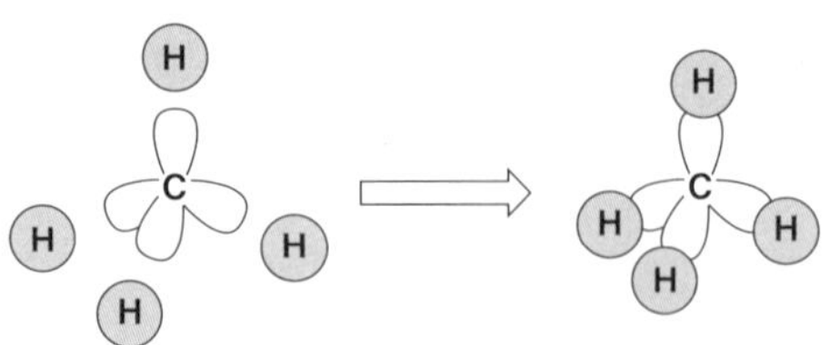

図 1.9　メタン分子の成り立ち

(2) エチレン分子の成り立ちと sp^2 混成軌道：エチレンではどうだろうか．

A．昇位と混成　この場合には，3 つの 2p 軌道のうちの 2 つだけを 2s 軌道と混成させる．その結果，3 つのエネルギー準位の等しい sp^2 混成軌道ができる（図 1.10）．このとき，混成に加わらなかった 2p 軌道はそのまま残る．

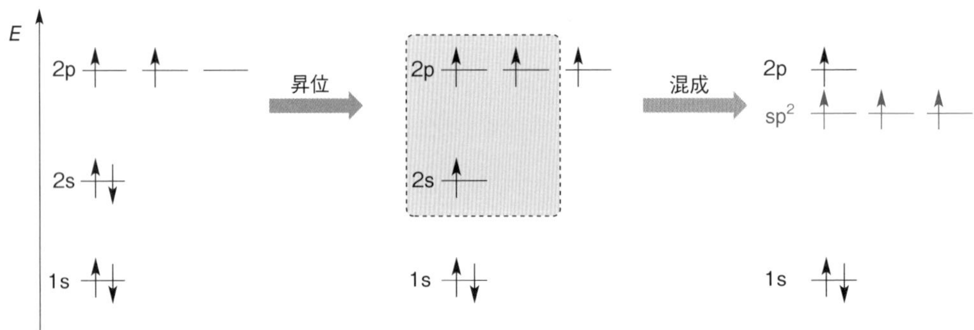

図 1.10　sp^2 混成軌道の生成

B．sp^2 混成軌道の形　これらは同一平面上において互いに 120° の角度をなしている．混成に用いられなかった残りの $2p_z$ 軌道は，この平面に直交する形で，上下に張り出している（図 1.11）．

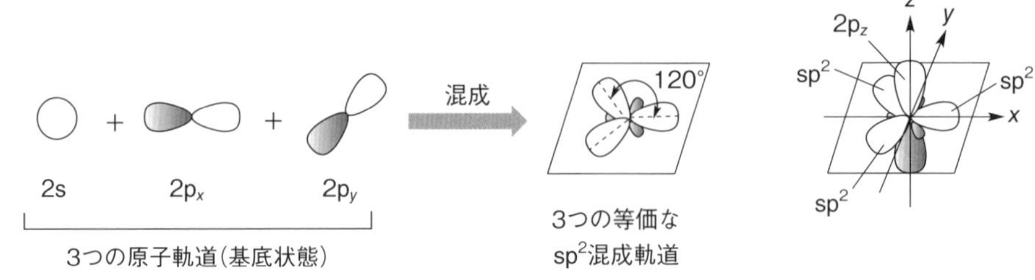

図 1.11　sp^2 混成軌道の形

C．エチレン分子の完成　こうしてできた互いに 120° の角度で平面上に張り出した 3 つの sp^2 混成軌道には，1 電子ずつ収容されている．そのうち2つは2つの水素原子（1s 軌道）との間で**σ結合**を生成する．他の炭素原子の側でも同じことが起こり，それぞれ残りの sp^2混成軌道は炭素原子間のσ結合の生成に用いられる．こうしてエチレン分子のσ骨格ができ，また一方，混成に関与しなかったp軌道同士を横並びに重ね合わせ，そこに2電子を収容して**π結合**と呼ばれる共有結合が形成される．こうしてエチレンでは，構成6原子がすべて同一平面上にある．このように C=C 二重結合はσ結合とπ結合とからなっている（図 1.12）．

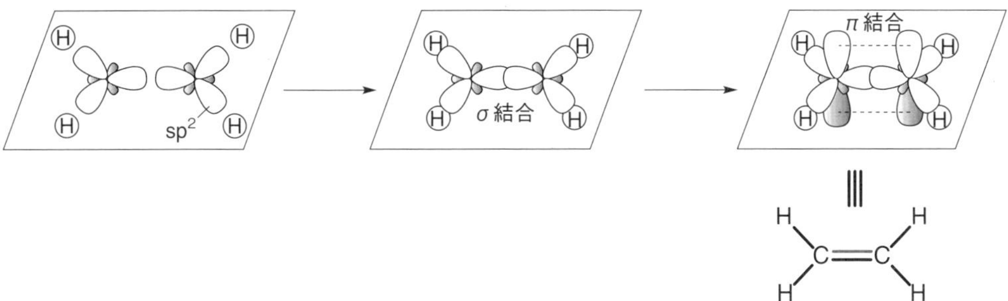

図 1.12　エチレン分子の C=C 二重結合

p 軌道の側面同士が重なってπ結合を生成するためには，2つのp軌道同士が同じ方向を向くことが必要である．もし C=C 結合が結合軸回りにねじれると，このp軌道同士の重なりが失われ，π結合が切断されてしまう．したがって，二重結合の回転は大きなエネルギーを要し，室温では起こらない．その結果，例えば2-ブテンのようなエチレン誘導体には，室温で安定に単離できる2種の異性体（**シス体**と**トランス体**）が存在する（2章参照）．この場合，シス体はトランス体に比べてわずかに不安定であるが，これはメチル基同士の立体的な反発のためである[*2]（図 1.13）．

＊2　置換基（または原子）同士が接近すると，ふつう立体的な反発が生じて不安定になる．これを立体障害と呼ぶ．

図 1.13　2-ブテンのシス体とトランス体

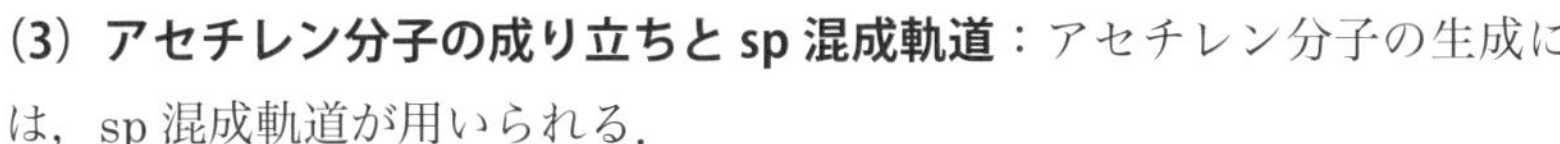

(3) アセチレン分子の成り立ちと sp 混成軌道：アセチレン分子の生成には，sp 混成軌道が用いられる．

A. 昇位と混成　この場合には，炭素原子の 2s 軌道と 2p 軌道のうち1つを組み合わせ，2つの sp 混成軌道が生成する（図 1.14）．このとき，混成に加わらなかった2つの 2p 軌道はそのまま残る．

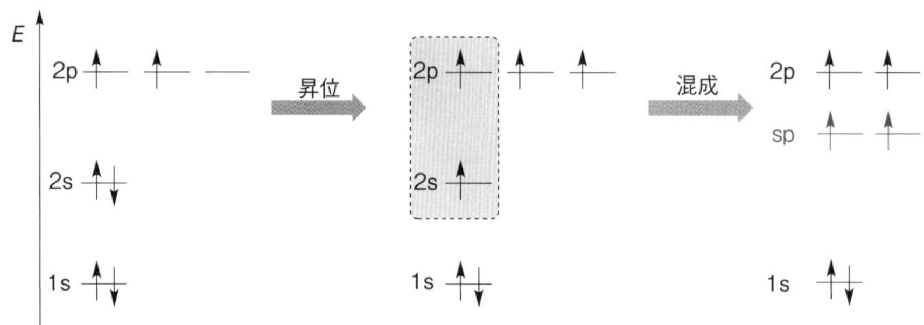

図 1.14　sp 混成軌道の生成

B. sp 混成軌道の形　これらは直線上，互いに反対方向を向いている．混成に参加していない 2 つの 2p 軌道（p_y, p_z軌道）は，sp 混成軌道の結合軸（x 軸）と直交している（図 1.15）．

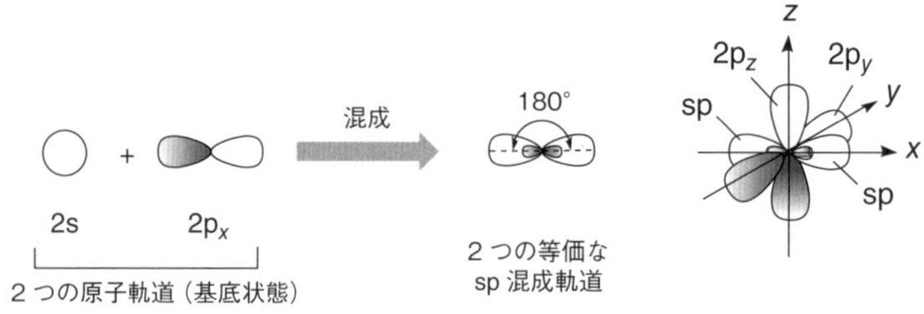

図 1.15　sp 混成軌道の形

C. アセチレン分子の完成　ここからアセチレン分子の生成に進む．まず，炭素原子の 1 つの sp 混成軌道と水素原子の 1s 軌道とから σ 結合が生成する．また，2 つの炭素原子間では，それぞれの sp 混成軌道の間で σ 結合を生成する．残った互いに直交する 2 つの p 軌道は，もう一方の炭素原子の 2 つの p 軌道と重なり，2 つの π 結合を形成する．こうして三重結合ができる．このようにアセチレン分子の結合角は 180° となり，直線分子となる（図 1.16）．

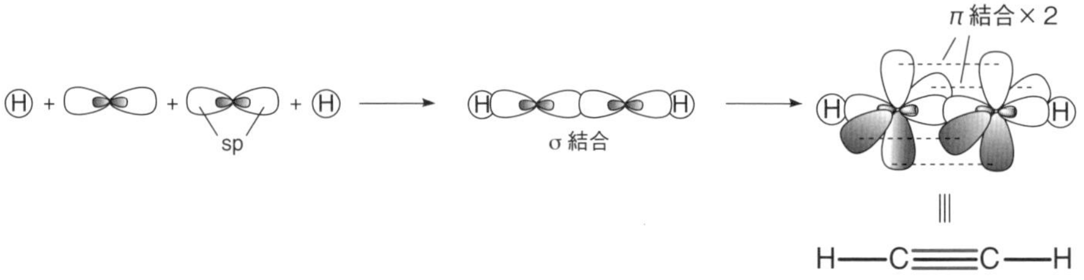

図 1.16　アセチレン分子の C≡C 三重結合

Column はたらく有機分子① 身の回りにある簡単な炭化水素

メタンハイドレートは，メタン分子の周囲を水分子が取り囲んだ構造（クラスター構造）を持っており，外見は氷のようであるが，火をつけると燃える．近年，深海底に多く存在することがわかり，石油などの代替エネルギーとして注目されている．

エチレンは植物ホルモンの一種であり，果実の成熟や落葉などを促す作用がある．例えば，リンゴとバナナを一緒に保存すると，リンゴから発生するエチレンによりバナナが熟す．

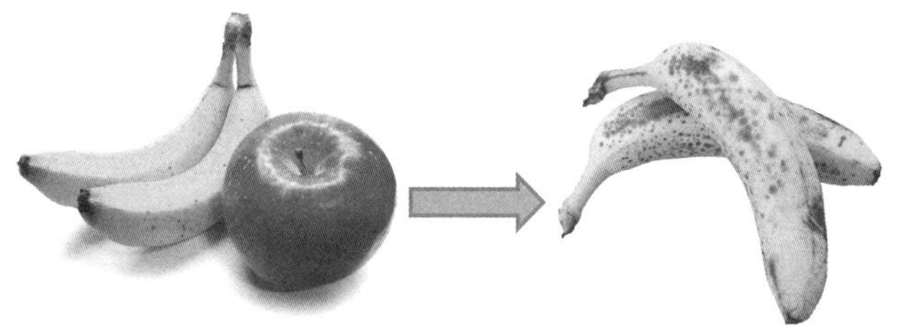

リンゴから発生するエチレンで熟したバナナ

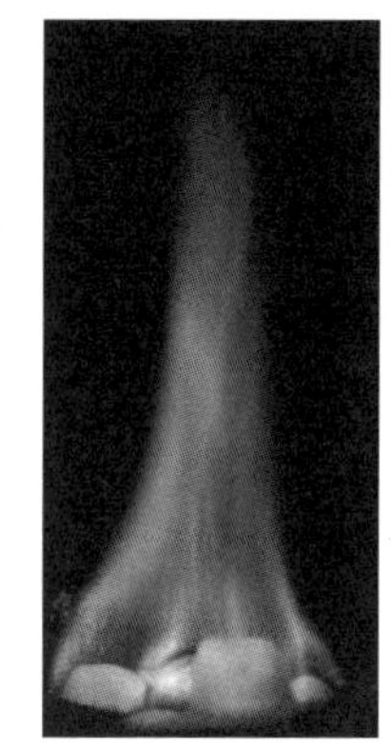

メタンと水に分離し燃えるメタンハイドレート
University of Göttingen, GZG. Abt. Kristallographie.

章末問題

[**1.1**] 次の分子式について，可能な構造をすべて示せ．

（a）C_5H_{12}　　（b）C_4H_8　　（c）C_4H_6

[**1.2**] メタン分子（CH_4）の結合を示す図 1.9（6 ページ）を参考にして，エタン分子（CH_3CH_3）の結合を示す図を書け．

[**1.3**] 次の分子中の各炭素について，混成（sp^3，sp^2または sp）および結合している水素数を示せ．ここでは構造を骨格構造式（10 ページ参照）で示している．

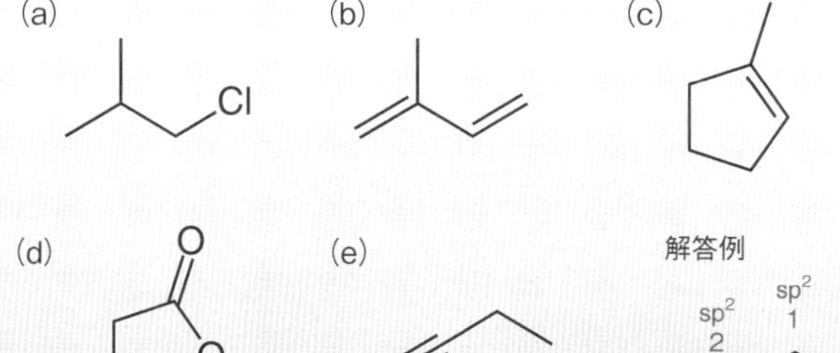

(d) O O

(e)

解答例

sp^2 2　sp^2 1　sp^3 3

[**1.4**]（発展） アレン（1,2-プロパジエン）分子（$H_2C=C=CH_2$）中の各炭素の混成を，図を用いて説明せよ．

第2章 有機分子の形

Introduction

第1章では，有機化合物の多様な構造を生み出す起源となる，炭素原子の特性を示し，その結合の成り立ちを学んだ．第2章では，有機化合物の多様な構造を分類し，異性体の考え方を学ぶ．3次元の広がりを持つ有機分子の構造およびその動的振る舞いは，有機化学を学ぶうえで重要である．

2-1 有機分子の構造の表し方

有機分子の構造を表すにはさまざまな方法があり，これらを目的に応じて適宜使い分ける．

構造式：有機分子の構造を示すために使われる化学式を構造式と呼ぶ．その中では，分子を構成する各原子がどの原子と結合しているかを，線で表示する．有機分子の構造を表示しやすくするために，簡略化された構造式がよく使われる．以下に，酢酸エチル（$CH_3CO_2C_2H_5$，分子式 $C_4H_8O_2$）の構造式の例を図2.1に示す．すべての結合を書く（a）の代わりに，炭素に結合した水素を CH_3 などとまとめて (b) のように書くことができる．さらに簡略化して（c）のように炭素鎖を折れ線で表示することもある（骨格構造式とも呼ばれる）．骨格構造式では，原子を明示していない限り，折れ線の頂点と末端には炭素があることを示し，炭素に結合した水素（官能基の一部であるときは除く）は省略する．これは，複雑な有機分子の構造を表示するために便利である．

立体構造式：結合の向きを区別した3種類の線を用いて分子の立体構造を表す方法であり，破線—くさび形表示とも呼ばれる．紙面内にある結合

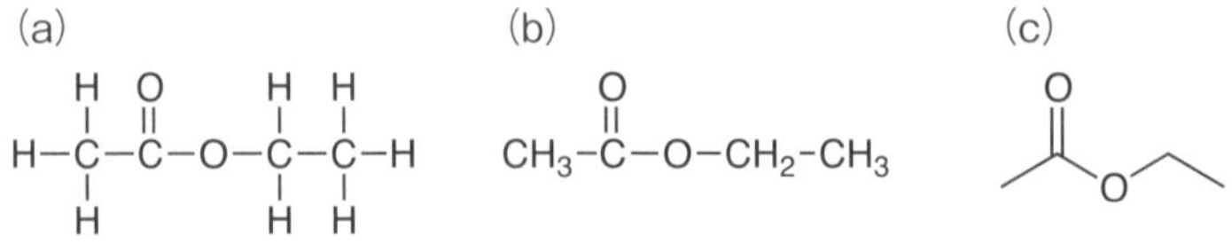

(a) H–C(H)(H)–C(=O)–O–C(H)(H)–C(H)(H)–H

(b) CH_3–C(=O)–O–CH_2–CH_3

(c) O

図2.1 酢酸エチルの構造式の例

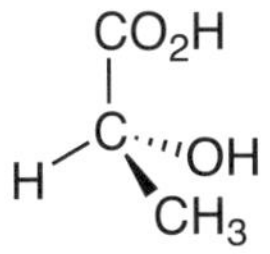

図 2.2　乳酸の立体構造式の例

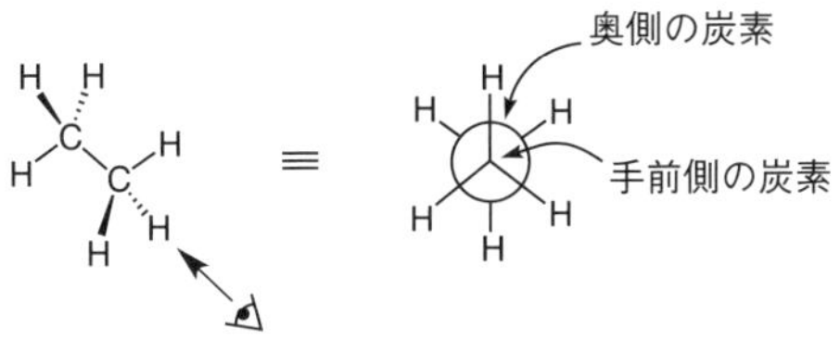

図 2.3　エタンのニューマン投影式（右）と立体構造式（左）

は実線，紙面より後ろへ伸びた結合はくさび形の破線，紙面から手前に伸びた結合はくさび形の実線で表す．乳酸の表示例を図 2.2 に示す．

ニューマン投影式：原子の位置を注目する結合軸の方向から見た図で示す方法である．エタンを例にとろう（図 2.3）．手前側の炭素は 3 本の線の交点で表される．一方，大きな円は向こう側の炭素を表しており，向こう側の C—H 結合の一部が隠されたように表現される．これは，となり合う炭素の置換基同士の関係を示すのに便利な方法である．

2-2　種々の異性体の分類

異性体の分類：同じ分子式（分子を構成する原子の種類と数）を持つが，性質の異なる化合物を**異性体**と呼ぶ（図 2.4）．異性体は，構造異性体と立体異性体に大別される．立体異性体は，鏡像異性体とジアステレオマーに分類される．また，別の基準により立体異性体は，配座異性体と配置異性体に分類される．以下，順番に説明する．

構造異性体：同じ分子式を持つが，結合様式（すなわち結合の順序と種類）が異なる化合物同士を**構造異性体**という．例えば，分子式 C_5H_{12}で表される炭化水素には，3 種の構造異性体が存在する（図 2.5）．これにより物理的性質や化学的性質も異なる．

また，分子式 C_4H_8の炭化水素には，**A** から **E** の異性体がある．これらの中で **B** と **C** との関係は，原子の並びは共通であるが，C=C 結合が通常の条件では回転できないことによる**立体異性体**（後述の**ジアステレオマー**）である（図 2.6）．

構造異性体はもちろん炭化水素以外にもある．例えば，エタノールとジメチルエーテルは両者ともに分子式 C_2H_6O であるが，結合様式が異なる

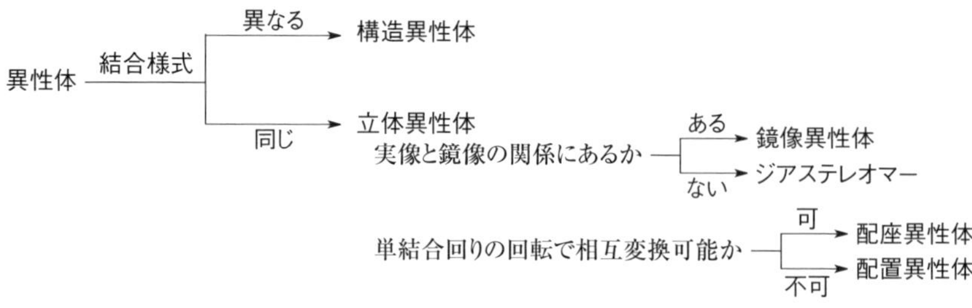

図 2.4　異性体の区分

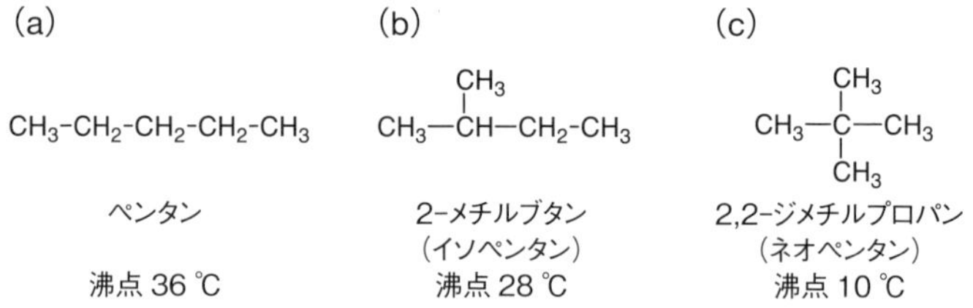

(a) CH_3-CH_2-CH_2-CH_2-CH_3
ペンタン
沸点 36 ℃

(b) CH_3—$CH(CH_3)$—CH_2-CH_3
2-メチルブタン
(イソペンタン)
沸点 28 ℃

(c) CH_3—$C(CH_3)_2$—CH_3
2,2-ジメチルプロパン
(ネオペンタン)
沸点 10 ℃

図 2.5　炭化水素（C_5H_{12}）の構造異性体

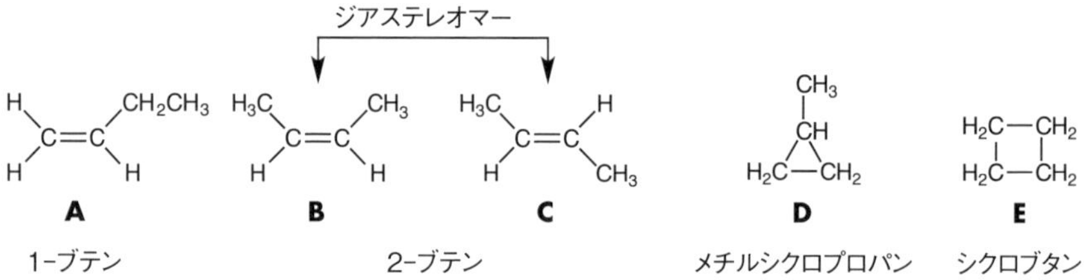

ジアステレオマー

A H_2C=CH-CH_2CH_3　1-ブテン

B $H_3C(H)C$=$C(H)CH_3$　2-ブテン

C $H_3C(H)C$=$C(H)CH_3$　2-ブテン

D CH_3-CH(CH_2-CH_2)　メチルシクロプロパン

E H_2C—CH_2, H_2C—CH_2　シクロブタン

図 2.6　炭化水素（C_4H_8）の異性体

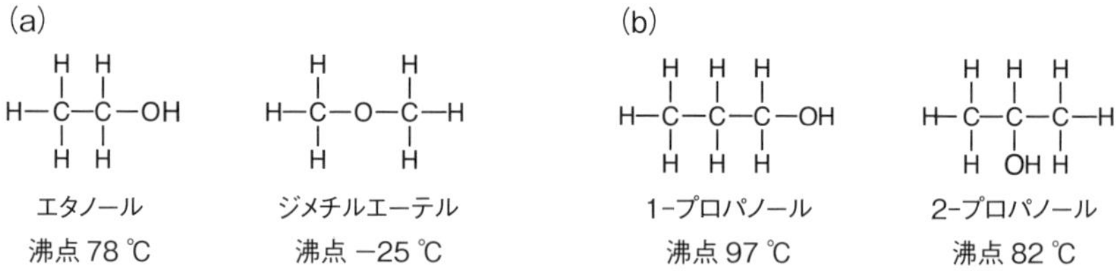

(a)
CH_3-CH_2-OH　エタノール　沸点 78 ℃
CH_3-O-CH_3　ジメチルエーテル　沸点 −25 ℃

(b)
CH_3-CH_2-CH_2-OH　1-プロパノール　沸点 97 ℃
CH_3-$CH(OH)$-CH_3　2-プロパノール　沸点 82 ℃

図 2.7　構造異性体の例
(a) C_2H_6O, (b) C_3H_8O.

ので構造異性体である〔図 2.7 (a)〕. これらは分子の性質を特徴づける官能基（第 3 章参照）が異なるので，物理的性質や化学的性質も大きく異なる．また，図 2.7 (b) のプロパノールの例では，官能基はヒドロキシ基で共通であるが，その位置が異なることによる構造異性体である．

二置換ベンゼンであるジクロロベンゼンには，3 種の構造異性体が存在する (図 2.8)．これらは，炭素に位置を示す番号をつけて 1,2-，1,3-，1,4-

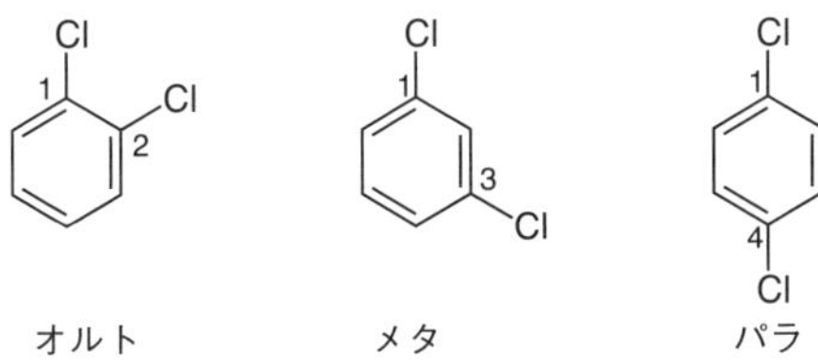

図 2.8 ジクロロベンゼンの構造異性体

異性体，あるいは慣用的に**オルト体**，**メタ体**，**パラ体**と呼ぶ．

立体異性体：結合の順序は同じであるが，三次元的な関係が異なる化合物を**立体異性体**と呼ぶ．立体異性体は，元の構造と鏡像が重なり合うかどうかで**鏡像異性体**（enantiomer）と**ジアステレオマー**（diastereomer）に分類される．また，単結合周りの回転で同一物になるかどうかにより**配座異性体**と**配置異性体**に分類される．次節で順に説明する．

2-3 立体異性体

(1) 鏡像異性体とジアステレオマー

(a) **鏡像異性体（エナンチオマー）**：乳酸のように，元の構造とその鏡像が互いに重ね合わせることができない〔このような幾何学的な性質を持つことを**キラル**（chiral）と呼ぶ〕1 対の立体異性体を**鏡像異性体（エナンチオマー）**という（図 2.9）．

鏡像異性体は，平面偏光（特定の方向に振動する光）を回転する特徴的な性質を持つ．次の図 2.10 のように，偏光板を通して得た平面偏光を鏡像異性体の溶液に通すと，平面偏光がどちらかの向きに回転する．このとき回転角 α を**旋光度**と呼び，右回りに回転する性質を**右旋性**（符号＋），左回りに回転する性質を**左旋性**（符号－）と定義する．

1 対の鏡像異性体は，絶対値が同じで符号が異なる旋光度を示す．それ以外の物理的性質（沸点や融点，密度など）は同じである[*1]．どのような場合に，鏡像異性体が存在するだろうか？ 乳酸分子では，4 つの異なる置換基を持った炭素原子が存在し，分子全体として対称面がないのでキラルである．このようなキラルな分子の中心にある原子を**キラル中心**と呼び，とくにその原子が炭素の場合キラル炭素原子（不斉炭素原子）と呼ぶ．

＊1 生体内などキラルな環境では，異なる性質を示すことがある．

なお，鏡像異性体が同量混じったものは**ラセミ体**(racemate)と呼ばれ，その旋光度は旋光性が打ち消し合ってゼロとなる．

(b) **ジアステレオマー（ジアステレオ異性体）**：立体異性体のうち鏡像異性体ではないものを**ジアステレオマー（ジアステレオ異性体）**という．ジアステレオマーでは，対応する原子間の距離が異なる．上述の鏡像異性体とは異なり，ジアステレオマーは互いに鏡像の関係にはなく，異なる物理

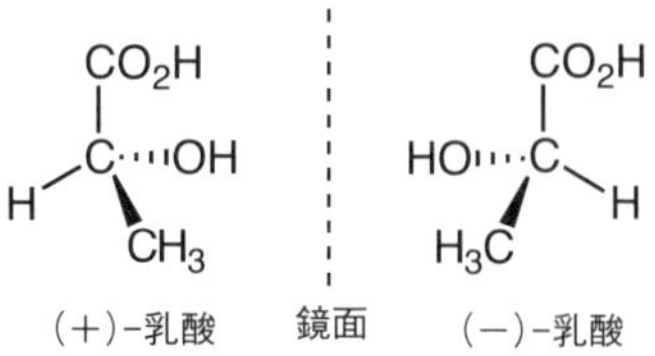

(+)-乳酸　鏡面　(−)-乳酸

図 2.9　乳酸の鏡像異性体
元の構造と鏡像は重なり合わない．

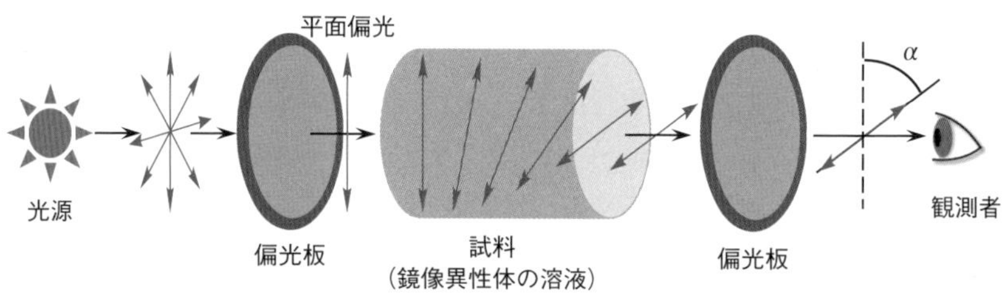

図 2.10　鏡像異性体は平面偏光を回転する

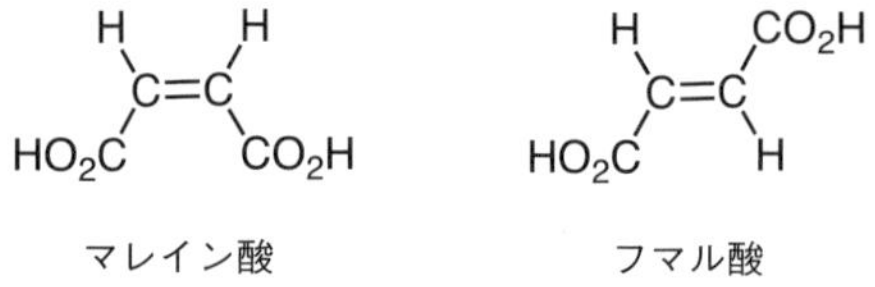

マレイン酸　フマル酸

図 2.11　ジアステレオマーの例
アルケンのシス-トランス異性体．

的性質および化学的性質を示す．

その例の１つに，マレイン酸とフマル酸の関係のように，アルケンのシス-トランス異性体がある（図 2.11）．

また，複数の不斉炭素原子を持つ化合物にもジアステレオマーがある．例えば，トレオニン（必須アミノ酸の１つ）は２つの不斉炭素原子を持っている．天然体はＬ体であるが，その鏡像異性体のＤ体があり[*2]，さらにジアステレオマーに相当するアロトレオニンにも鏡像異性体がある．したがって，立体異性体は全部で４種類存在する（図 2.12）．

酒石酸も不斉炭素原子を２つ持つので，やはり４種類の立体異性体があるように思われる（図 2.13）．たしかにＤ体とＬ体とは鏡像異性体の関係にある．しかし，その右に２つ示したジアステレオマーは実は同一分子である．一方の構造を 180° 回転させると重なり合うことを確かめてほしい．また，別の見方としては，**A** のように描くとこの分子には対称面があるので，キラルでない，すなわち光学活性でないことがわかる．このように不斉炭素原子を複数持つが，元の構造と鏡像とが重なり合うため光学

＊2　ＤとＬの記号は，アミノ酸や糖の鏡像異性体の立体配置を示すときに用いられる．天然体はアミノ酸ではＬ体であるが，糖ではＤ体である．

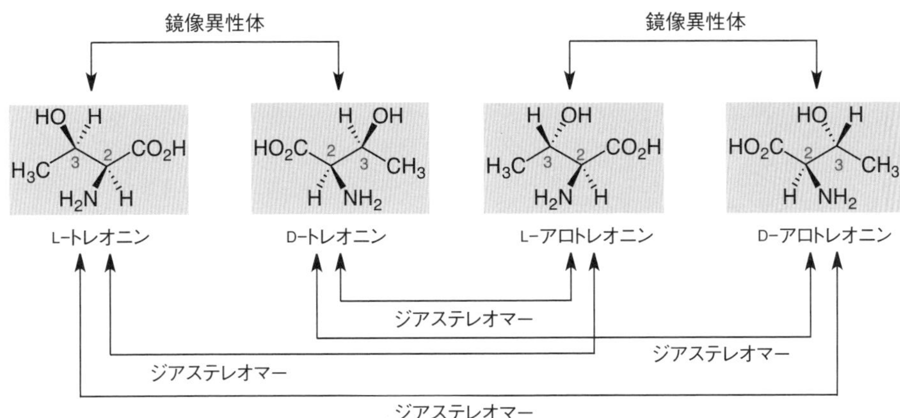

図 2.12 トレオニンには 4 種類の立体異性体がある

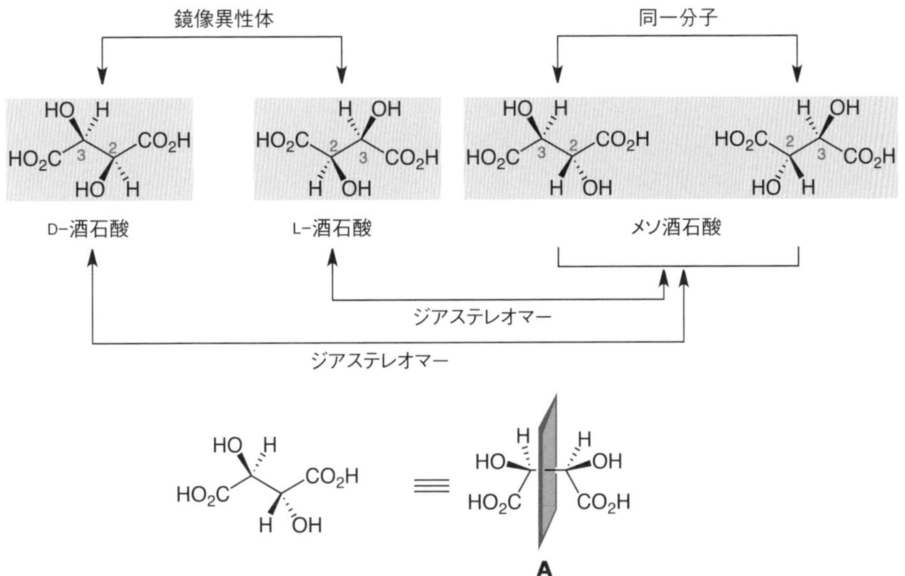

図 2.13 酒石酸の異性体にはメソ化合物が含まれる

活性を示さない化合物を**メソ化合物**（meso compound）と呼ぶ．

(2) 配座異性体と配置異性体

立体異性体のうち，同じ分子の中で単結合の回転だけによって変換することができるものを**配座異性体**という．一方，単結合回りでの回転では相互変換できない立体異性体を**配置異性体**という．図 2.13 の鏡像異性体や図 2.11 のアルケンのシス-トランス異性体は配置異性体であり，相互に変換するためには少なくとも 1 本の結合を切断する必要がある．したがって，通常の条件では相互変換が起こりにくく，分離することも可能である．

一方，単結合回りの回転は速く，配座異性体は一般にすばやく相互変換を起こす．そのため，配置異性体とは異なり，通常の条件では分離できない．次節ではいくつかの分子の配座異性体について説明する．

2-4　立体配座

(1) エタンおよびブタンの構造と立体配座

エタンのニューマン投影式を見てみよう（図 2.14）．C—C 結合を回転させていくと，それにしたがって無数の構造が現れる．このように単結合の回転により生じる空間的な原子配置を**立体配座**(conformation)と呼ぶ．エタンの C—C 結合を回転させたときのエネルギーの変化をみると，回転角 60° ごとに極大点と極小点が交互に現れる．極大点に相当する立体配座が**重なり形配座**〔図 2.14 (c)〕であり，水素同士が近接しておりエネルギー的に不利である．一方，極小点に相当するのは**ねじれ形配座**〔図 2.14 (b)〕である．"σ 結合は自由回転"と思われるかもしれないが，実際は回転に伴ってエネルギー的な上下動がある．しかし，エネルギー障壁（12 kJ mol^{-1}）は小さく，ねじれ形配座同士は，一定の制限を受けながらも，非常に速やかに相互変換している．

ブタンの C2—C3 結合回りの回転に注目しよう．この場合，安定なねじれ形配座は，図 2.15 に示すように 2 種類ある．メチル基同士が近いもの **A** を**ゴーシュ配座**，他方 **B** を**アンチ配座**と呼ぶ．**A** と **B** とは互いに配

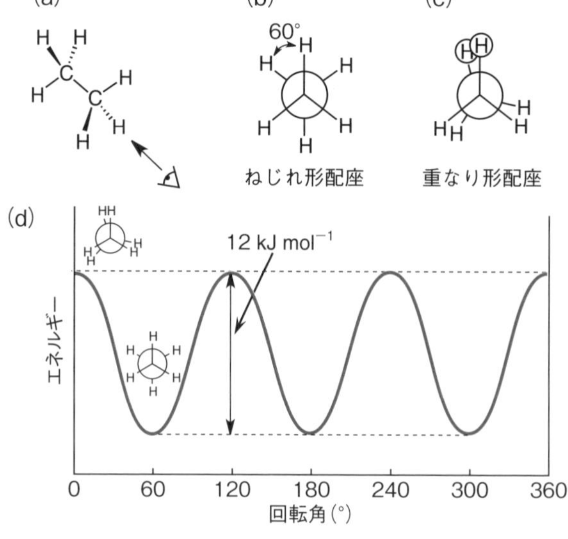

図 2.14　エタンのニューマン投影式（上）と回転角とエネルギー障壁の関係（下）

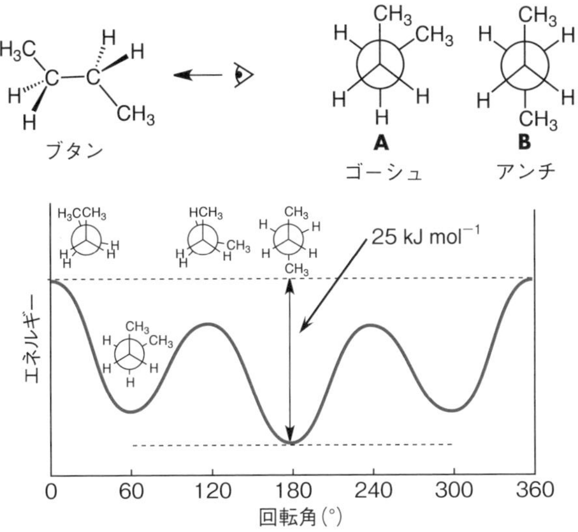

図 2.15 ブタンのニューマン投影式（上）と，回転角とエネルギー障壁の関係（下）

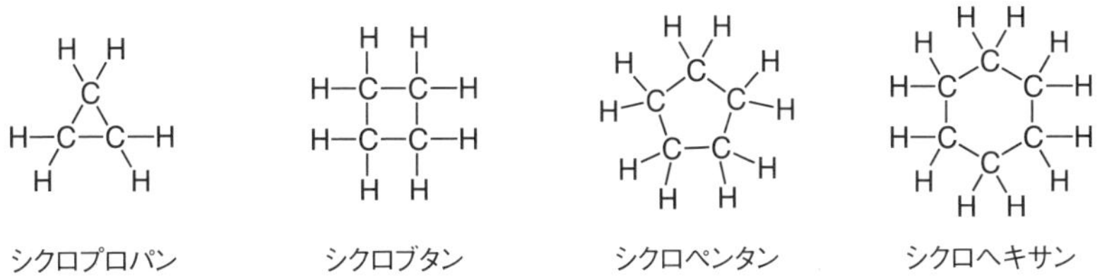

シクロプロパン　シクロブタン　シクロペンタン　シクロヘキサン

図 2.16 さまざまなシクロアルカン

座異性体の関係にある．これらを比べると，**B** のほうがエネルギー的に有利であり，メチル基同士の立体反発のある **A** はエネルギーが高い．一方，重なり形配座の中では，メチル基同士が重なった配座が最も高いエネルギーを持つ．この配座と **B** のアンチ配座とのエネルギー差（25 kJ mol^{-1}）が，C2—C3 結合回りの回転のエネルギー障壁となる．この値はエタンの C—C 結合の場合より大きいが，回転を止めるほどには大きくなく，C2—C3 結合は室温において速やかに回転している．

(2) シクロアルカンの構造と立体配座

環構造は，有機化合物の多様性の起源の 1 つである．シクロアルカン(環状アルカン)（図 2.16）は環構造による制限があるので，鎖状アルカンと比べ，その立体配座には特徴的な側面がある．

ここではシクロヘキサンの立体配座について述べる．その炭素原子はすべて sp^3混成である．重要なことは，その安定構造が平面ではないことであり，いす形に折れ曲がっている（図 2.17）．ニューマン投影式を見てほ

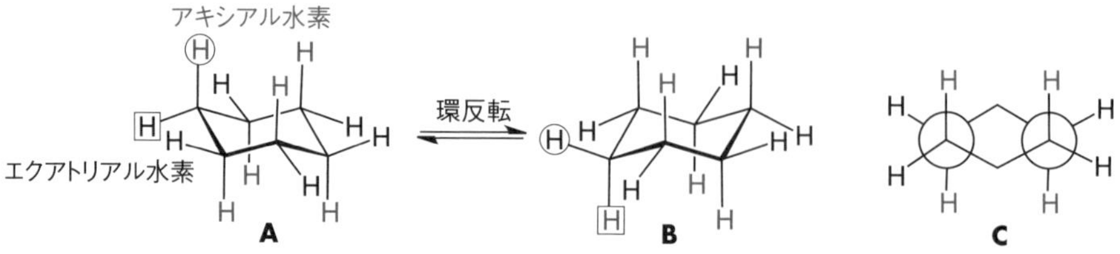

図 2.17　シクロヘキサンのいす形配座
A，B 立体構造式，C ニューマン投影式．

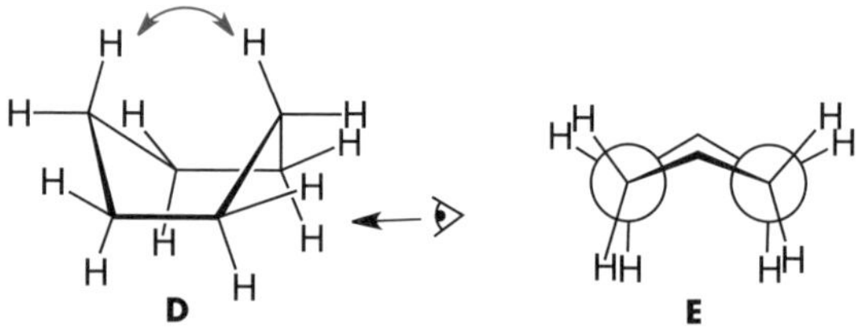

図 2.18　シクロヘキサンの舟形配座
D 立体構造式，E ニューマン投影式．

しい．このいす**形配座**（chair conformation）では，すべての C—C—C 角は四面体角に近く，また 6 組の C—C 結合はすべてゴーシュ形となる．このいす形構造には 2 種類の水素がある．すなわち，六員環の平均平面からみて，上下方向に伸びた 6 つのアキシアル水素（赤で示した）と，横方向に張り出した 6 つのエクアトリアル水素である．しかし，室温付近では，2 つのいす形配座 **A**，**B** の間で環反転が容易に起こるため，アキシアル水素とエクアトリアル水素とは素早く相互変換している．この環反転は，複数の単結合回りの回転が連動して起こる．そのため，環反転のエネルギー障壁は約 45 kJ mol^{-1} とエタンやブタンの C—C 結合の回転に比べて大きい．しかし，室温付近で環反転を止めるには不十分であり，**A**，**B** の間の相互変換は速やかに起こっている．

なお，シクロヘキサンには**舟形配座**（boat conformation）**D**（図 2.18）もあるが，いす形配座よりもずっと不利であり，約 29 kJ mol^{-1} もエネルギーが高い．これは，**D** のように環の内側に向いた水素原子同士の立体反発にあり，また，ニューマン投影式 **E** を見ても，2 組の C—C 結合について重なり形配座であることから，その理由がうかがえる．

発展 いろいろな鏡像異性体

分子がキラルになる要因として，その分子がキラル中心を持つことがもっとも一般的である．しかし，メソ化合物のようにキラル中心があっても分子がキラルにならない場合があった．では，キラル中心がなくても分子がキラルになることはあるだろうか．以下に示すのはそのような化合物の例である．

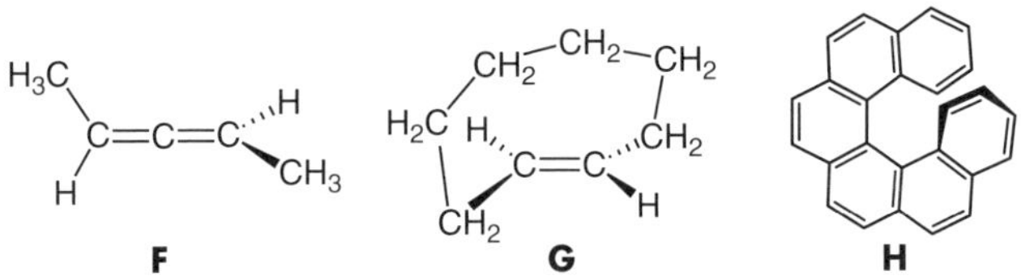

化合物 **F**～**H** では，分子がキラルになる要因はキラル中心ではなく，それぞれ**軸**，**面**，**らせん**である．すなわち，分子がキラルになるためには，キラル中心の存在は必要条件でも十分条件でもない．

章末問題

［**2.1**］　次の構造式を，炭素鎖を折れ線で表示する簡略化した構造式（骨格構造式）で示せ.

(a)　(b) 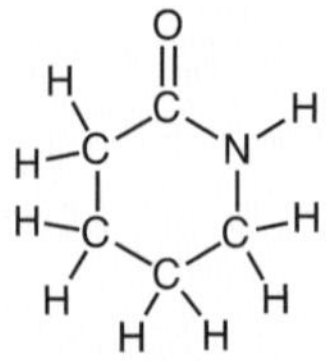　(c)

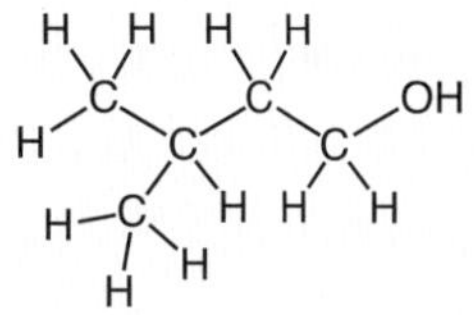

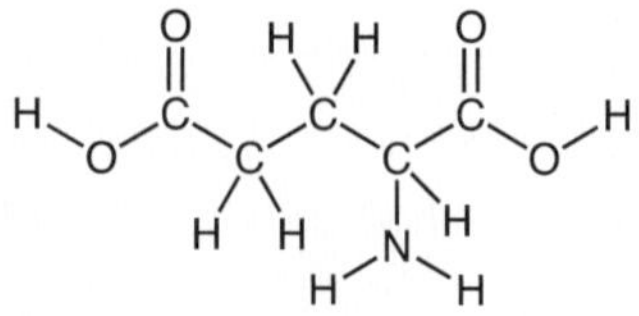

［**2.2**］　下記の構造中で不斉炭素原子に＊を付け，鏡像異性体の構造を書け.

(a)　(b) 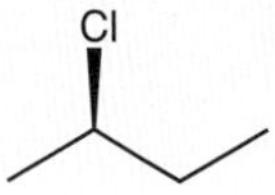　(c)

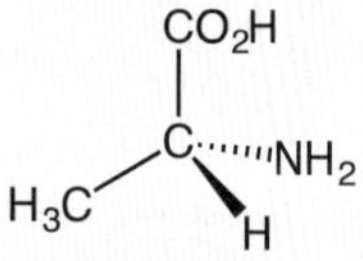

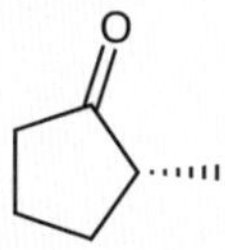

［**2.3**］　次の分子の各組は，鏡像異性体，ジアステレオマー，構造異性体あるいは同一化合物のいずれであるかを示せ.

(a)　(b) 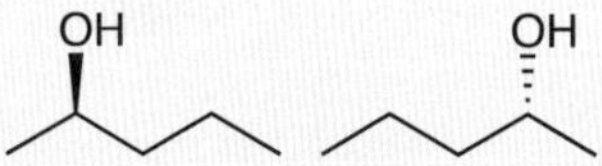　(c)

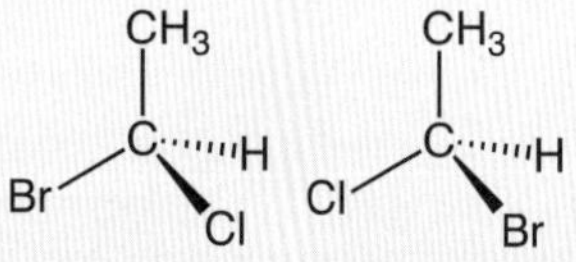

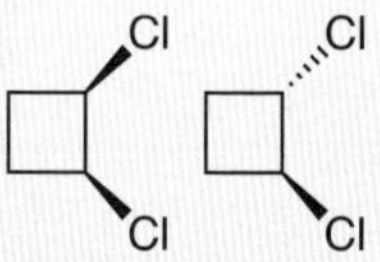

(d) 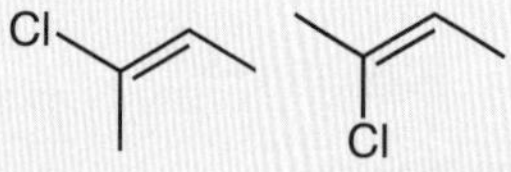　(e)

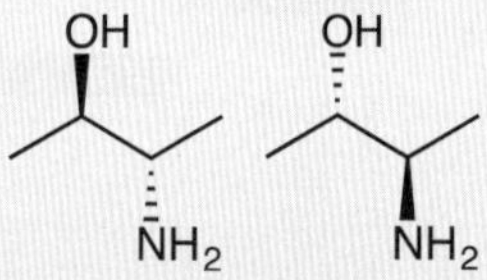

［**2.4**］　プロパンのC1—C2結合について，回転にともなうエネルギー変化を図示し，エネルギー極大と極小に相当する立体配座をニューマン投影式で示せ（エタン，ブタンの例を参考にせよ）.

［**2.5**］（発展）　メチルシクロヘキサンについて，環反転で相互変換できる2つのいす形配座を図示せよ. そのうちどちらが安定であると考えられるか，理由を説明せよ.

第3章
結合の分極と酸・塩基

Introduction

官能基は，有機化合物の性質を決める特定の原子団（置換基）である．有機化合物の振る舞いを理解するためには，官能基を中心とする結合電子のかたよりに注目するのがよい．第3章では，これに関連していくつかの重要な考え方を紹介する．

3-1　さまざまな官能基

多くの有機化合物は，炭化水素骨格の水素原子が他の原子や原子団に置き換わったものと見なすことができる．こうした置換基は，それを含む有機化合物に共通した性質や反応性を特徴づけることが多いので，**官能基**(functional group)と呼ばれる．表3.1には，代表的な官能基をまとめた．なお，C=C結合，C≡C結合，ベンゼン環も官能基と見なすことがある．

3-2　結合の分極：電子のかたより

3.2.1　誘起効果：σ結合における電子のかたより

異なる2原子が共有結合で結びつけられているとしよう．共有結合というが，結合電子は2原子間に均等に分布しているのではなく，どちらかの原子の方にかたよっている．これを**結合の分極**という．ここでその分極の度合いの目安となるのが**電気陰性度**（electronegativity）である．以下の図3.1には周期表の一部を抜き書きしたが，これらは炭素を中心として，有機化合物に含まれる元素とその電気陰性度である．

一例として，塩化アルキル化合物に含まれるC−Cl結合を見てみよう(図3.2)．この結合では，より電気陰性度が大きい塩素の側で電子密度が高くなる．これを**A**や**B**のように表す．このように置換基がσ結合を通じて電子を求引したり，供与したりすることを**誘起効果**と呼ぶ．この効果は，炭素鎖のσ結合を通して伝わるが，距離とともに急速に減衰するという特徴がある．すなわち，C−Cl結合の結合電子が塩素の方に求引される

表 3.1 代表的な官能基

官能基		一般式	化合物
-OH	ヒドロキシ基	R—OH	アルコール
-OR	アルコキシ基	R—OR	エーテル
-X	ハロゲノ基*1	R—X	ハロゲン化物
$-NH_2$	アミノ基	$R-NH_2$	アミン
-C(=O)H	ホルミル基	R—CHO	アルデヒド
-C(=O)-	カルボニル基	R_2CO	ケトン
-C(=O)OH	カルボキシ基	$R-CO_2H$	カルボン酸
-C(=O)OR	アルコキシカルボニル基	$R-CO_2R$	エステル
$-C(=O)NR_2$	カルバモイル基	$R-CONR_2$	アミド
-C≡N	シアノ基	R—CN	ニトリル
$-N^+(=O)O^-$	ニトロ基	$R-NO_2$	ニトロ化合物

*1 具体的にはフルオロ基(F), クロロ基(Cl), ブロモ基(Br), ヨード基(I).

H 2.2						
Li 1.0	Be 1.5	B 2.0	C 2.5	N 3.0	O 3.5	F 4.0
Na 0.9	Mg 1.2	Al 1.5	Si 1.8	P 2.1	S 2.5	Cl 3.0
						Br 2.8
						I 2.5

図 3.1 元素の電気陰性度（ポーリングの値）

読み方：
δ+ デルタプラス
δ− デルタマイナス

図 3.2 塩化アルキルにおける塩素の誘起効果

と C1 の電子密度が低くなる．そこで今度は C1−C2 間の σ 結合の電子対も少し C1 の方に求引されるが，その効果の程度は塩素原子が直接 C1 に及ぼす効果と比べれば小さい．この影響は，目安として結合を 1 つ経るごとに約$\frac{1}{3}$になるといわれる．したがって，C3 から先はほとんど影響がなくなる．

3.2.2　共鳴効果：π 結合における電子のかたより

π 結合にも分極がある．例えば，カルボニル基では図 3.3 の **C** のように，電気陰性度の違いにより σ 電子も π 電子も酸素原子の側に偏っている．しかし，カルボニル基の反応性を特徴づけるのは，σ 電子と比べて原子核による束縛がゆるく，動きやすい π 電子の振る舞いであり，この表し方ではその様子をうまく表すことができていない．

電気陰性度　2.5　3.5

δ+　δ−

C=O

C　図 3.3　カルボニル基の分極

そこで **D** のような曲がった矢印が用いられる．これは 2 電子の動きを表しており，その先には π 電子対が酸素原子に移動した構造 **E** がある．これを**共鳴構造**あるいは**極限構造**という．これらは，あくまで便宜的なものであり，実際の構造が **D** と **E** との中間にあることを示している．しかし，それらの構造の間を実際に往復しているわけではなく，それらの重ね合わせであると考えるとよい．これを**共鳴混成体**という．

＊2　ルイス構造式で書くと以下のようになる．

D　**E**

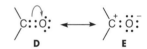

D　**E**　図 3.4　カルボニル基の共鳴構造＊2

一般に，ある化合物について共鳴構造が数多く描けると，エネルギー的に安定となる．これを**共鳴安定化**（resonance stabilization）という．例えば，カルボン酸イオンには図 3.5（a）のような共鳴構造があり，これがカルボン酸の酸性度の起源となっている（後述）．また，芳香族性と呼ばれる，ベンゼンの特別な安定性（第 6 章）も図 3.5（b）のような共鳴構造によって説明される．

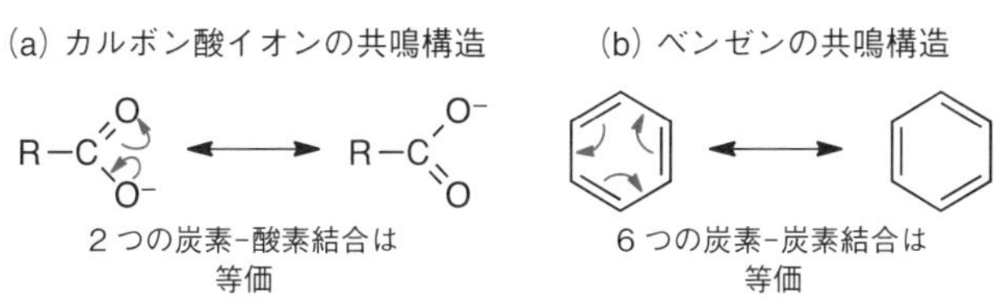

図 3.5　共鳴構造の例

Column　共鳴と平衡

共鳴は，単一の構造式では表記が難しい化合物の構造を，複数の共鳴構造の重ね合わせとして表記する手法である．したがって，それぞれの共鳴構造の間で原子の位置は動かさないのが約束である．図3.6左のアニオンは，炭素上に負電荷を持つ共鳴構造**I**と酸素上に負電荷を持つ共鳴構造**II**の両方の性質を併せ持つため，**I**と**II**の共鳴混成体として表記する．

一方，図3.6右の式は，ケトンとエノールという2種類の化合物の間の平衡を表している．

両者は，水素原子の位置が異なる別の化合物である．平衡と共鳴の違いには注意すべきであり，おのおのの表記には異なる矢印を用いる．

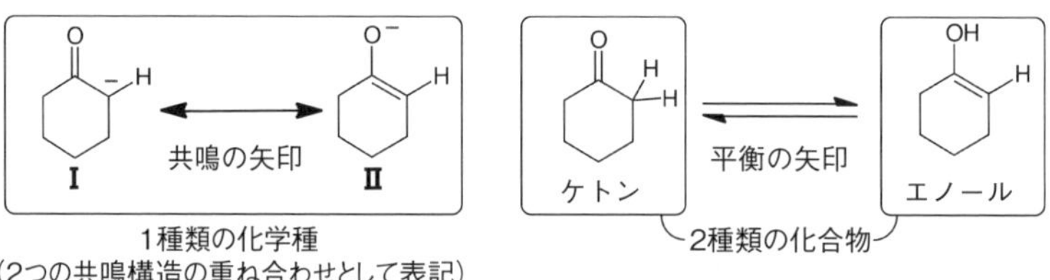

図3.6　共鳴と平衡の表現には異なる矢印を使う

3-3　電子の動きを示す矢印

前節では，有機分子の性質や反応性を理解するうえで重要な結合電子のかたよりを“曲がった矢印”で表現することを学んだ．この矢印は，電子のかたよりがさらに進んで，結合の切断や生成が起きる時の電子の動きを表現するためにも用いられる．これは，有機化学反応の機構を考えるうえで大変重要である．

式（3.1）はアルコールのイオン的な結合切断である．矢印はO−H結合の中央から出発し，酸素原子に向かう．こうして出発物質の結合電子対が生成物の非共有電子対となる様子が表現される．ここで考えているのは価電子なのでルイス構造式を正しく描くのがよいが，慣れたら式（3.1'）のように非共有電子対を省略してもよい．

$$CH_3\ddot{\underset{..}{O}}-H \xrightarrow{\text{イオン的結合切断}} CH_3\ddot{\underset{..}{O}}{:}^{-} + H^{+} \qquad (3.1)$$

$$CH_3O-H \longrightarrow CH_3O^{-} + H^{+} \qquad (3.1')$$

一方，式（3.2）は，ピリジンがプロトン化され，新たに N－H 結合ができる様子を示している．ここでは，出発物質の非共有電子対が生成物における結合電子対となる様子が示されている．

$$\text{Pyridine N:} \curvearrowright H^+ \longrightarrow \text{Pyridine } N^+\text{—H} \qquad (3.2)$$

3-4　酸と塩基

以上，結合を通した電子のかたよりについて学んだが，そのことが分子の性質に影響を及ぼす例として，ここでは有機酸の強さについて学ぶことにする．

酸（HA）の強さは，水溶液中での式（3.3）の平衡で表される．

$$\text{酸解離平衡:}\ HA + H_2O \underset{}{\overset{K_{eq}}{\rightleftharpoons}} A^- + H_3O^+ \qquad K_{eq} = \frac{[A^-][H_3O^+]}{[HA][H_2O]} \qquad (3.3)$$

希薄水溶液中では水の濃度は一定と見なせるため，上の平衡定数の式（3.3）は式（3.4）のように変形され，左辺の K_a は酸の解離しやすさを示す**酸解離定数**と呼ばれる．酸性度の尺度として，K_a の負の常用対数をとった pK_a がよく用いられる．式（3.3）の平衡が右に移動し，K_a が大きくなるほど（pK_a が小さくなるほど），より強い酸となる．

$$K_a = K_{eq}[H_2O] = \frac{[A^-][H_3O^+]}{[HA]} \qquad (3.4)$$
$$pK_a = -\log K_a$$

次の表 3.2 は，代表的な酸の pK_a 値をまとめたものである．

C_6H_5-はフェニル基である．t-C_4H_9 は第三級ブチル基 $(CH_3)_3C$-である．ターシャリーブチル基とも呼ぶ．

表 3.2　おもな酸の pK_a

酸	共役塩基	pK_a	酸	共役塩基	pK_a
HCl	Cl^-	−7	CH_3CO_2H	$CH_3CO_2^-$	4.8
$C_6H_5SO_3H$	$C_6H_5SO_3^-$	−2.8	H_2CO_3	HCO_3^-	6.4
H_3O^+	H_2O	−1.7	C_6H_5OH	$C_6H_5O^-$	10
CF_3CO_2H	$CF_3CO_2^-$	−0.6	CH_3OH	CH_3O^-	15
CCl_3CO_2H	$CCl_3CO_2^-$	0.7	H_2O	HO^-	15.7
HF	F^-	3.2	C_2H_5OH	$C_2H_5O^-$	16
HCO_2H	HCO_2^-	3.8	t-C_4H_9OH	t-$C_4H_9O^-$	18

化合物 X－H の酸性度は何によって決まるだろうか．これには式（3.5）のように，2 つの要素がある．すなわち，(1)X－H 結合の極性，および(2)イオン化によって生じるアニオン X^-（共役塩基）の安定性，である．ここで X の電気陰性度が高いと，X－H はより強い酸となる．これは，X－H 結合の極性が増すとともに，アニオン X^- の安定性が増加し，H^+ が放たれやすくなるためである．

$$\overset{\delta-}{X}-\overset{\delta+}{H} \longrightarrow X^- + H^+ \tag{3.5}$$

（1）結合の極性　（2）アニオンの安定性

一例として，周期表の第二周期の元素を中心原子に持つ化合物 CH_4，NH_3，H_2O，HF の pK_a値を比べてみよう．表 3.3 からわかるように，これらの化合物を右にたどっていくと，順番に酸性度が高くなる傾向が見えてくる．これは，この順に中心原子の電気陰性度が高くなることにより，X−H 結合の極性が増し，アニオン X^-の安定性も増加するため，X−H の酸性度が高くなる傾向をよく示している．

表 3.3　第二周期の中心原子を持つ化合物の pK_a値

$X-H \longrightarrow X^- + H^+$

X−H	H_3C-H	H_2N-H	HO−H	F−H
pK_a	50	36	15.7	3.2
中心原子の電気陰性度	2.5	3.0	3.4	4.0

さて，ここでアルコールやカルボン酸などの酸素に結合した水素に注目してみよう．さて，エタノールの pK_aは 16 という値であるが，これは水の pK_a（15.7）とほとんど同じ値である．その分子構造が水分子の片側の水素がエチル基で置き換わった形であると思えば，さほど驚くにはあたらない．ところが注目すべきことに，酢酸の pK_aは 10 単位も小さい．すなわち，カルボン酸の名の示すごとく，10^{10}倍も H^+として解離しやすく，水中で酸性を示すのである．同じ酸素に結合した水素にもかかわらず，このアルコールとカルボン酸との違いは何に起因するのだろうか[*3]．

＊3

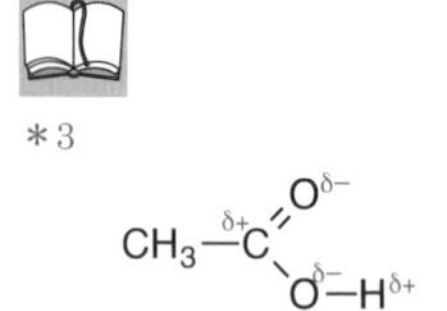

C=O 基の電子求引効果により，出発物質のカルボン酸の O-H 結合が分極していることも酸性度が高いことの一因である．

HOH　pK_a=15.7

CH_3-CH_2-OH　pK_a=16

$CH_3-C(=O)-OH$　pK_a=4.8

図 3.5　水，アルコール，酢酸の pK_a値

その秘密は，カルボン酸のイオン化により生成したアニオン（共役塩基）における**共鳴安定化効果**にある．すなわち，$\mathbf{A_1}$ に対して共鳴構造 $\mathbf{A_2}$ の寄与がある．一方，アルコールの共役塩基にはこうした特別な安定化効果はないので，これが酸性度の違いとなるのである．なお，$\mathbf{A_1}$ と $\mathbf{A_2}$ のように等価な共鳴構造がある場合，特に大きい共鳴安定化効果がある（28 ページの発展参照）．

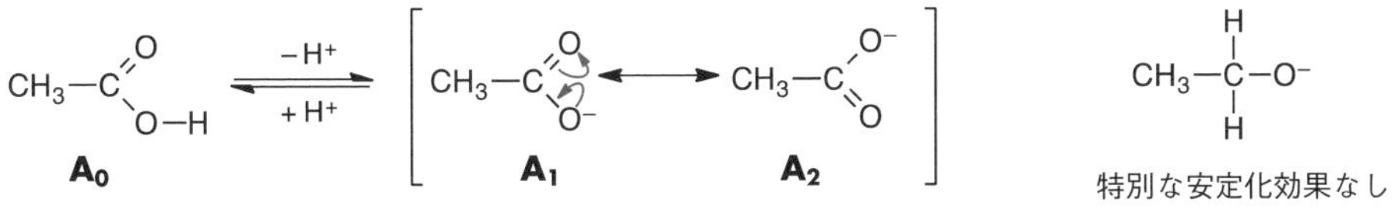

$CH_3-C(=O)-O-H$ (**A₀**) ⇌ (−H⁺ / +H⁺) [$CH_3-C(=O)-O^-$ (**A₁**) ⟷ $CH_3-C(-O^-)=O$ (**A₂**)]

$CH_3-CH_2-O^-$ 特別な安定化効果なし

図 3.6 カルボン酸のアニオンにおける共鳴安定化効果

置換基効果 炭素鎖上にある置換基は分子の他の部分にも影響を及ぼし，その性質を変化させる．例えば，電子求引性基が置換すると，カルボン酸の酸性度は高くなる．すなわち，図 3.7 に示したクロロ酢酸と酢酸の pK_aを比べると，2 単位も違いがあり，前者が 100 倍も強い酸である．これは電気陰性度の高いクロロ基による誘起効果（電子求引効果）によるもので，ジクロロ酢酸，トリクロロ酢酸はさらに酸性である．さらに電気陰性度の高いフッ素原子が 3 つ置換したトリフルオロ酢酸は，きわめて酸性度が高い．

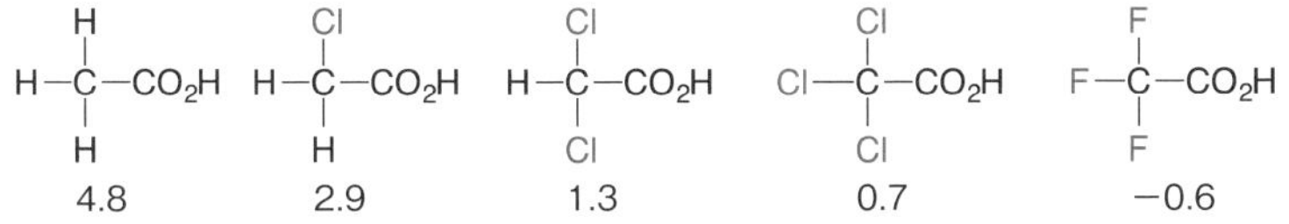

H_3C-CO_2H	ClH_2C-CO_2H	Cl_2HC-CO_2H	Cl_3C-CO_2H	F_3C-CO_2H
4.8	2.9	1.3	0.7	−0.6

図 3.7 電子求引効果と pK_a値

しかし，カルボキシ基のα位よりも遠い位置では，この置換基の影響ははるかに小さくなる．これは，先述のように誘起効果が炭素鎖に沿って急激に減衰するためであり，結果的にγ-クロロ置換体の酸性度は，非置換体の値とあまり変わらないことに注意してほしい．

官能基からの位置を示すために，α（直接結合した原子），β（2 番目の原子），γ（3 番目の原子）などの記号が使われる．

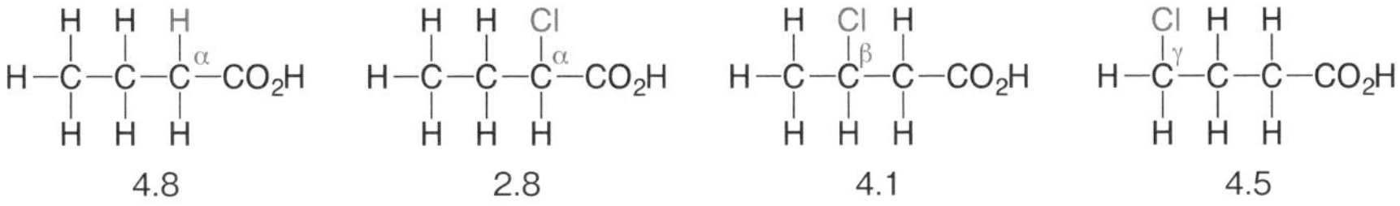

$CH_3-CH_2-CH_2(\alpha)-CO_2H$	$CH_3-CH_2-CHCl(\alpha)-CO_2H$	$CH_3-CHCl(\beta)-CH_2-CO_2H$	$CH_2Cl(\gamma)-CH_2-CH_2-CO_2H$
4.8	2.8	4.1	4.5

図 3.8 クロロ基の位置と置換基効果

発展　共鳴構造の寄与

先に，共鳴構造が多く描ける化合物は，エネルギー的に安定化されると述べた．しかし，注意したいのは，むやみに共鳴構造が多ければよいわけではないことである．以下，共鳴構造によって寄与の大小があることを説明しよう．

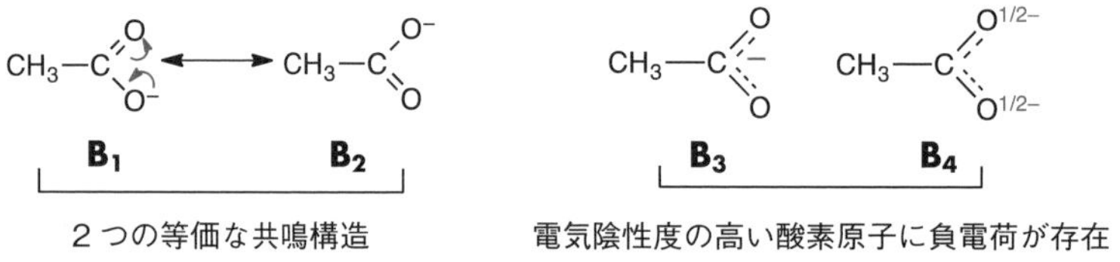

$CH_3-C(=O)O^-$ ⟷ $CH_3-C(O^-)=O$　　　$CH_3-C(O)(O)^-$　　$CH_3-C(O^{1/2-})(O^{1/2-})$　　(3. 6)

B_1　B_2　　　B_3　B_4

２つの等価な共鳴構造　　電気陰性度の高い酸素原子に負電荷が存在

カルボン酸のアニオンの共鳴構造 **B₁** と **B₂** は，負電荷が電気陰性度の高い二つの酸素原子に分散して存在する様子を表しており，**B₃** や **B₄** のように書き表すこともできる．この **B₁** と **B₂** のように等価な共鳴構造がある場合，特に大きな共鳴安定化がある．

フェノールもまた酸性物質であり，かつては石炭酸と呼ばれていた．この酸性は，共役塩基であるフェノキシドイオン **C₁** に対して共鳴構造 **C₂**−**C₄** の存在による共鳴安定化によるものである．しかし，フェノールの酸性度がカルボン酸には及ばないのは，共鳴構造 **C₂**−**C₄** が，酸素原子よりも電気陰性度の低い炭素原子上に負電荷を有し，しかも芳香族性（後述）を失った，エネルギー的に不利な構造であるため，その寄与の程度が限られるからである．こうして，共鳴構造式の数だけからいえば，フェノールのアニオンの方が多いが，全体としては共鳴安定化の程度は劣ることになる．

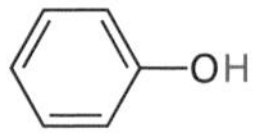

OH（フェノール）　$pK_a=10$

C_1 ⟷ C_2 ⟷ C_3 ⟷ C_4　　(3. 7)

寄与の限られた共鳴構造

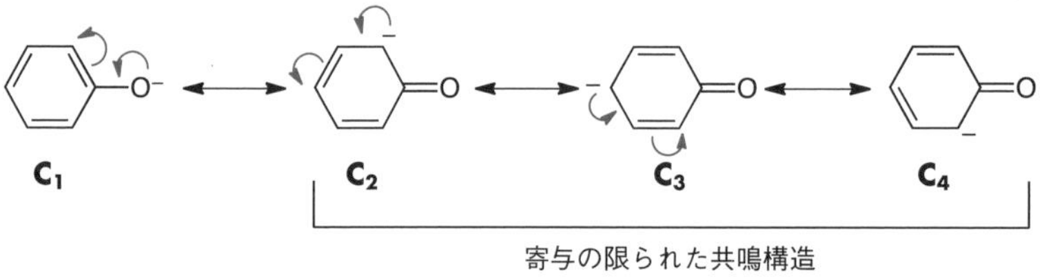

章末問題

［**3.1**］ 次の分子の各結合の分極を$\delta+$および$\delta-$の記号で示せ．ただし，C−H 結合の分極は考えなくてよい．

(a)

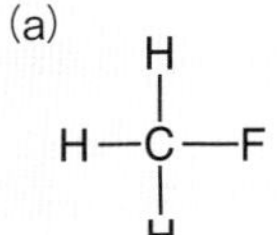

(b)

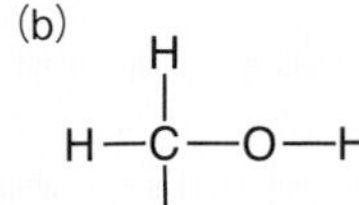

(c)

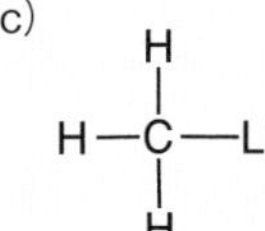

(d)

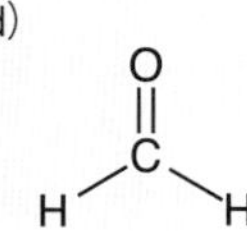

［**3.2**］ 次のイオンの共鳴構造を書け．

(a)

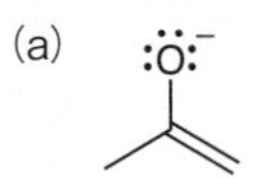

(b)

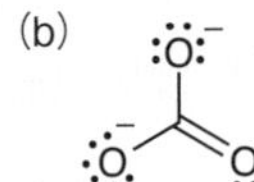

(c)

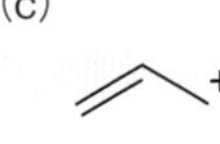

［**3.3**］ 次の各組の化合物において，赤色の下線を付けた水素原子に注目して，各化合物の酸性度を比較せよ．

(a)

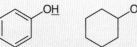

(b)

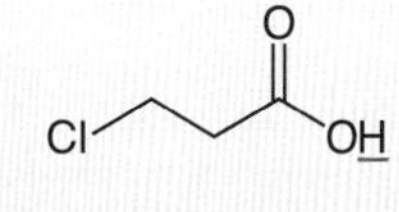

(c)

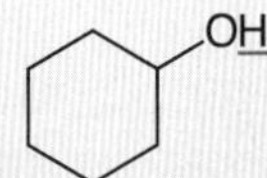

(d)

［**3.4**］ （発展）次のイオンまたは分子の共鳴構造を書け．非結合電子対は明記していないことに注意せよ．

(a)

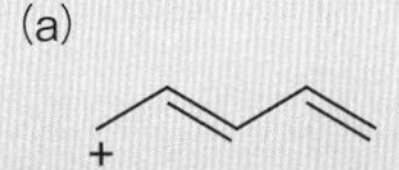

(b)

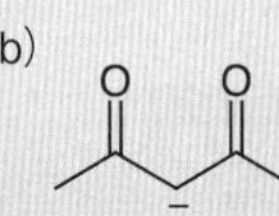

(c)

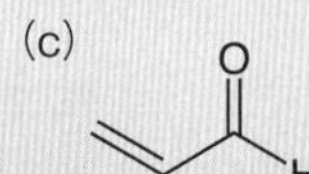

第4章

有機化学反応 I

Introduction

第3章では，いくつかの官能基を紹介し，結合の分極と有機化合物の性質との関係を学んだ．本章では，結合の分極が進み，化学結合が切断され，反応が起こり，新たな結合が生成する様子を学ぶ．また，基本的な有機化学反応を分類し，具体例として脂肪族化合物の置換反応および脱離反応を学ぶ．

4-1 有機化学反応の分類

有機反応は，大きく4つの型に分類される（図4.1）．**置換反応**は化合物中の原子や原子団が別の原子や原子団と置き換わるものである．本書では，脂肪族化合物の求核置換反応（第4章），芳香族化合物の求電子置換反応（第6章）などを扱う．**付加反応**は多重結合に別の原子や原子団が付加するもので，アルケンに対する求電子付加反応（第5章），カルボニル化合物に対する求核付加反応（第7章）がその例である．**脱離反応**は付加反応の逆反応であり，本書では脂肪族ハロゲン化物の脱離反応（第4章）を紹介する．**転位反応**は分子内で結合の組み換えが起きる反応様式であるが，本書の範囲を超えるので取り扱わない．

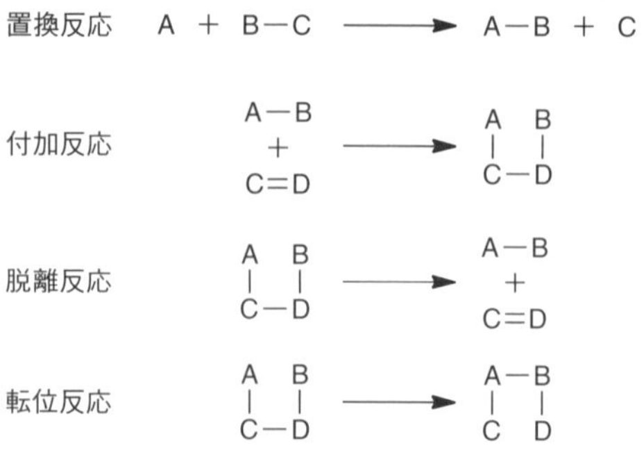

置換反応　A ＋ B−C ⟶ A−B ＋ C

付加反応　A−B ＋ C=D ⟶ A(−C)，B(−D)（A−C，B−D が結合した C−D）

脱離反応　A(−C)，B(−D)（C−D）⟶ A−B ＋ C=D

転位反応　A(−C)，B(−D)（C−D）⟶ A−B，A−C，B−D（C と D の結合なし）

図4.1　有機化学反応の分類

まず，反応活性種に着目する．**求電子剤**（Electrophile，E^+）は電子不足の化学種であり，反応基質の中の電子の豊富な部分を求めて反応する．一方，電子豊富な化学種である**求核剤**（Nucleophile，Nu^-）は，反応基質分子の中の電子不足の部分を攻撃する．反応を予測するには，まず，活性種が求電子剤か，求核剤かを見極める一方，反応基質のどの部分が電子豊富か，電子不足かを考えることが重要である（図 4.2）．その際，第 3 章で学んだ誘起効果や共鳴効果がもとになる．

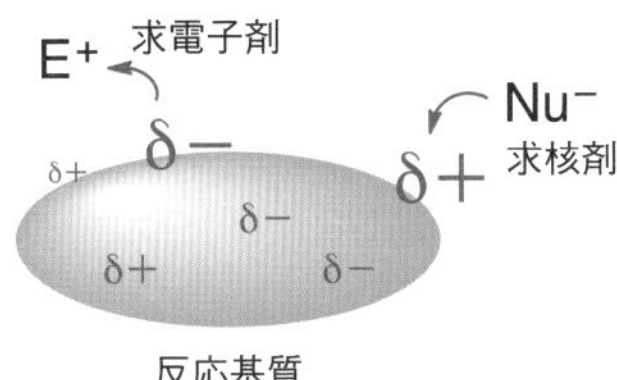

図 4.2　イオン反応の概念

4-2　ハロゲン化アルキルの求核置換反応

まず，置換反応の例として，ハロゲン化アルキルの求核置換反応を取り上げる．臭化メチルと水酸化物イオン（OH^-）との反応〔式（4.1)〕はその典型例であり，メチルアルコールと臭化物イオン（Br^-）が生成する．この例では，求核剤はアニオンであるが，それが必須というわけではなく，式（4.2）の臭化 *t*-ブチルの反応における求核剤 H_2O の例のように，非共有電子対を持つ中性分子が求核剤になる場合もある[*1]．実は，これらの 2 つの反応はハロゲン化アルキルの求核置換反応であるが，その反応機構は異なり，それぞれ **S_N2 反応**，**S_N1 反応**という 2 つの類型に属する[*2]．

＊1　他の代表的な求核剤の例 CH_3S^-，CN^-，I^-，CH_3O^-，N_3^-，NH_3

＊2　S と N は **S**ubstitution（置換）と **N**ucleophilic（求核的）の頭文字を指す．

$$OH^- + H{-}\overset{H}{\underset{H}{C}}{-}Br \longrightarrow H{-}\overset{H}{\underset{H}{C}}{-}OH + Br^- \quad (4.\ 1)$$

$$H_2O + CH_3{-}\overset{CH_3}{\underset{CH_3}{C}}{-}Br \longrightarrow CH_3{-}\overset{CH_3}{\underset{CH_3}{C}}{-}OH + HBr \quad (4.\ 2)$$

S_N2 反応　図 4.3 は，式（4.1）の反応の様子を電子の矢印を使って示したものである．すなわち，反応の始まりは，求核剤が中心炭素に近づいていくところであり，それとともに脱離基は結合電子対を持って離れ始める．その結果，炭素原子を中央にはさんで Br 基と OH 基とがゆるく結合した状態となるが，これはエネルギー極大点に相当し，**遷移状態**（後述）と呼ばれる．この反応の立体化学的な特徴は，**立体反転**である．すなわち，キラルな反応基質を用いるとわかるが，C－Br 結合の背面から OH^- が求核攻撃し，中心炭素の立体配置が反転する．

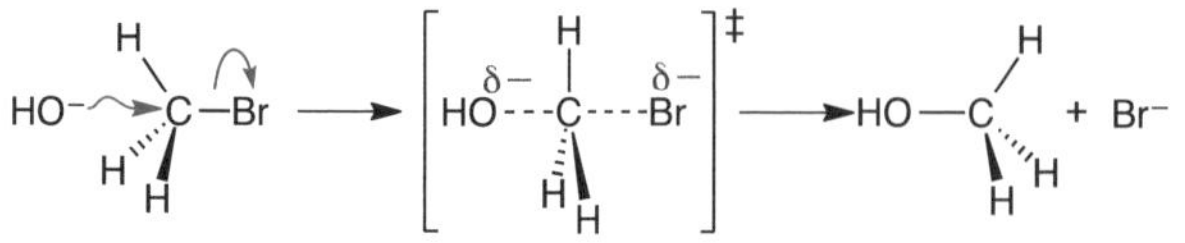

＊ ‡は遷移状態を，----は部分的な結合を示す．

図 4.3　S_N2 反応の機構＊

この反応は，出発物の立体障害が大きくなるにつれ，起こりにくくなる．すなわち，臭化メチルの水素をメチル基で置き換えていき，アルキル基が第一級，第二級となるにつれ，反応性が低下する．第三級アルキルの場合には，この反応は事実上起こらない．これは脱離基の裏側から求核剤が接近することが困難になるからである（図 4.4）．

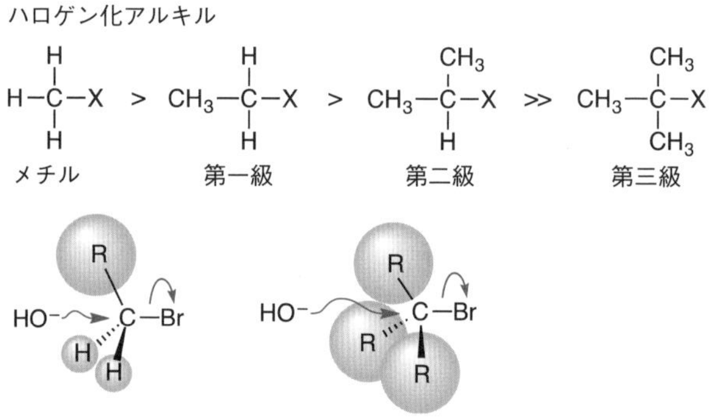

図 4.4　S_N2 反応の起こりやすさ

S_N1 反応　一方，臭化 *t*-ブチルは，先述の式（4.2）のように，加水分解を受ける．この反応は 2 段階反応である．まず，最初に Br^-がイオン的に脱離し，カルボカチオン中間体が生成する．これが速やかに求核剤（H_2O）と反応し，*t*-ブチルアルコールが生成する．この反応機構は，生成物の立体化学にも影響を与え，例えば光学活性な反応基質から出発しても，生成物はほとんどラセミ体（鏡像異性体の等量混合物）となる．これはカルボカチオンが平面構造なので，どちらの面からも H_2O が攻撃できるためである（図 4.5）．

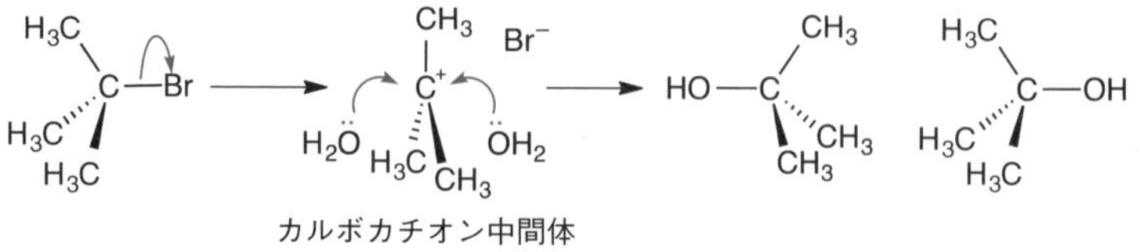

図 4.5　S_N1 反応の機構

カルボカチオンの相対的安定性　カルボカチオンは，第三級＞第二級＞第一級の順に不安定になり，第一級アルキルカチオンは通常は安定に存在しない．このようにアルキル基がカルボカチオンを安定化するのは，2つの効果によるものである．1つはσ結合を通じた電子供与（誘起効果），もう1つは，隣接したC−H結合からの電子供与（**超共役**と呼ばれる，発展参照）である．したがって，アルキル基の数が増えるほど，また超共役できるC−H結合の数が多いほど，カルボカチオンは安定となる（図4.6）．

(a) カルボカチオンの相対的安定性

メチル　<　第一級　<　第二級　<　第三級

(b) 電子供与の形

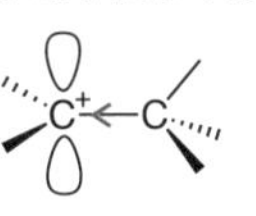

誘起効果
（σ結合を通じた
電子供与）

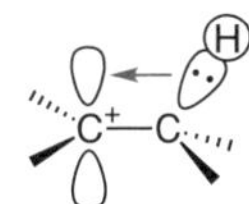

超共役
（C−H 結合からの
電子供与）

図 4.6　カルボカチオンの相対的安定性と電子供与の形

発展　反応機構とエネルギー図

以下の図は，S_N2 反応と S_N1 反応の進行にともなう，反応系のエネルギー変化を示している．縦軸は反応系のエネルギー，横軸は反応座標と呼ばれ，反応の進行具合を定性的に表している．

S_N2 反応は，先述のように 1 段階で生成物に至る機構である（図 4.7）．CH_3Br と OH^- の反応では，C−Br 結合が求核剤である OH^- の助けを借りて 2 分子的に開裂する．原系は CH_3Br と OH^- が相互作用のないときの系のエネルギーを示すが，両者が接近し始めると，系のエネルギーは上昇して極大に達する．これを**遷移状態**といい，C−Br 結合が切れかかり，新たに C−O 結合ができつつある状態である．これ以降は，エネルギーが単調に減少し，生成系に至る．

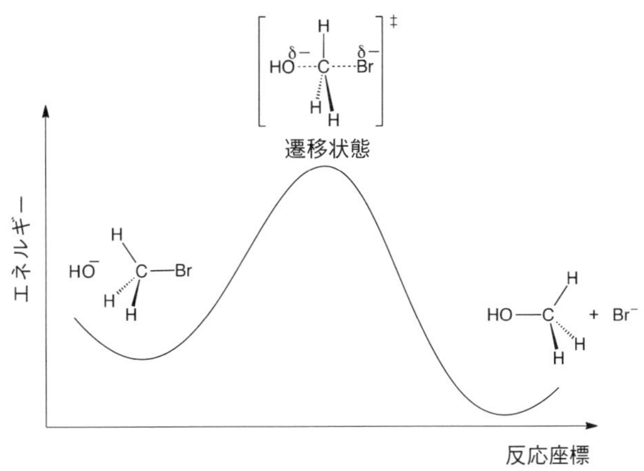

図 4.7　S_N2 反応の進行にともなうエネルギー変化（1 段階）

一方，S_N1 反応は 2 段階を経て進む．$(CH_3)_3CBr$ の加水分解では，第 1 段階で C−Br 結合が求核剤（H_2O）とは無関係に 1 分子的に開裂する．こうして生成したカルボカチオン中間体が，第 2 段階で C−O 結合を形成する．エネルギー図（図 4.8）で示すと，途中に**反応中間体**が存在する．中間体はエネルギー極小点に相当するので寿命を持ち，遷移状態とは違い観測できる場合もある．

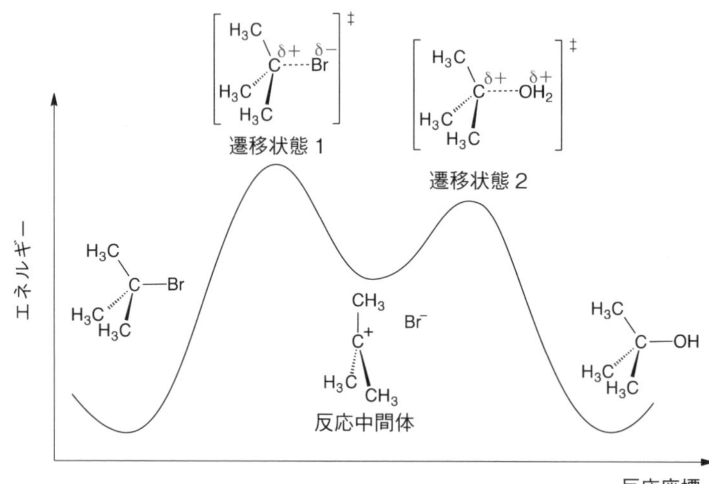

図 4.8　S_N1 反応の進行にともなうエネルギー変化（2 段階）

発展　超共役

カルボカチオンの空の p 軌道に対し，隣りの C−Hσ 結合の結合性軌道から電子供与が起こると，エネルギー的安定化が起こる．図 4.6（b）に示すように，この安定化は相互作用する軌道が同じ方向に向くとき最大になる．*t*-ブチルカチオンでは，超共役できる C−H 結合が九つあるので安定化の効果が大きい．σ 軌道が関与したこのような効果は**超共役**（hyperconjugation）と呼ばれる．超共役はアルケンの安定性においても重要である（40 ページ参照）．

4-3　ハロゲン化アルキルの脱離反応

上述の S_N2 反応の条件では，**E2 反応**と呼ばれる脱離反応が競争して起こる[*3]．例えば，臭化 *t*-ブチルにナトリウムメトキシド（CH_3O^- Na^+）を作用させても，上述のように立体障害のため，S_N2 反応は起こらない．それに代わって，CH_3O^-は塩基として働き，臭素原子の置換した炭素のとなりの炭素に置換した水素（β 水素）を攻撃し，臭化物イオンが脱離し，アルケンが生成する．この反応では，C−H 結合の開裂，C=C 結合の生成，

＊3　E は **E**limination（脱離）の頭文字を指す．

C−Br 結合の開裂が同時に起こる．このとき，C−H 結合と C−Br 結合がアンチの関係で反応が進行するので，これを**アンチ脱離**という（図 4.9）．

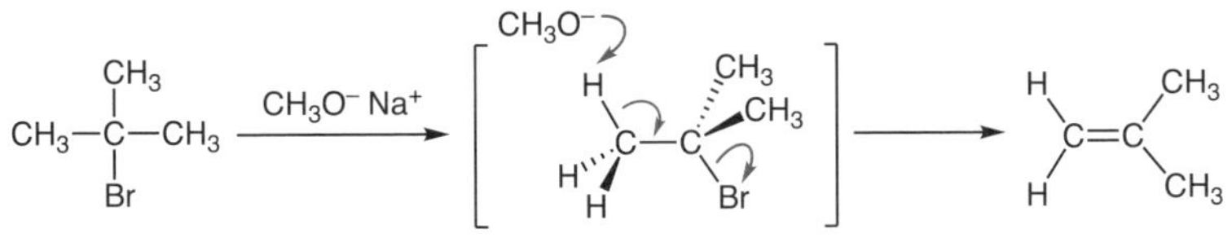

図 4.9 E2 反応

なお，塩化 *t*-ブチルの S_N1 反応でも，**E1 反応**（図 4.10）と呼ばれる脱離反応が競争的に起き，アルケンが生成する．これは，カルボカチオン中間体から β 水素がプロトンとして脱離することによって起こる．共通のカルボカチオン中間体において，溶媒分子が炭素を求核攻撃すると S_N1 反応，塩基として β 水素を攻撃すると E1 反応になる．

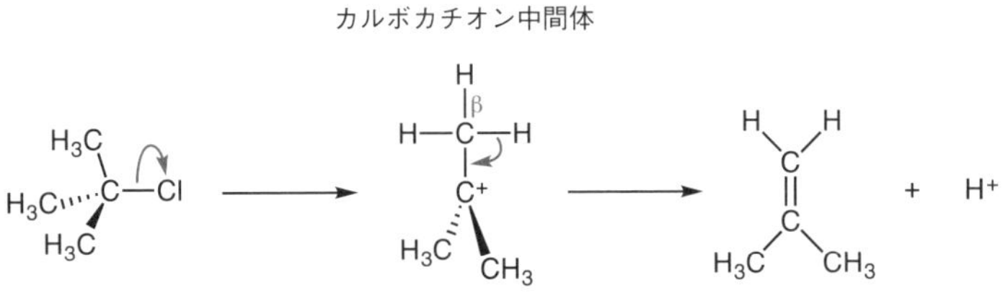

図 4.10 E1 反応の機構

脱離反応の位置選択性 脱離反応に関与しうる β 水素の種類が複数ある場合には，アルケンの位置異性体が生成する可能性がある．例えば，次の反応では，S_N1 反応による生成物と 2 種類のアルケン（E1 反応による生成物）が生成する．アルケンのうちでは多置換アルケンの割合が多い．

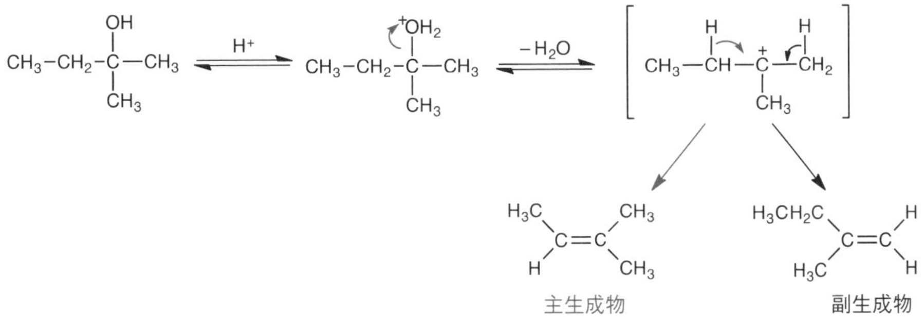

図 4.11 脱離反応における位置異性体の生成

章末問題

[**4.1**] 次の四つの化合物について答えよ.

(a) S_N2 反応の起こりやすい方から順に並べよ.

(b) S_N1 反応の起こりやすい方から順に並べよ.

CH_3Br　Br　Br　Br

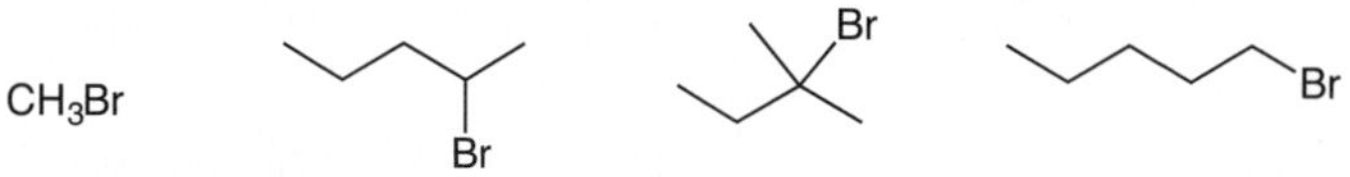

[**4.2**] 次の反応はいずれも求核置換反応である. 生成物を答えよ. また反応機構は S_N2 と S_N1 のどちらであるか.

(a) 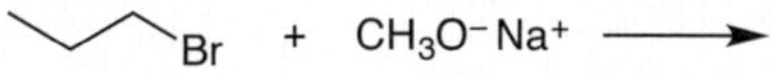 Br + $CH_3O^-Na^+$ ⟶

(b) 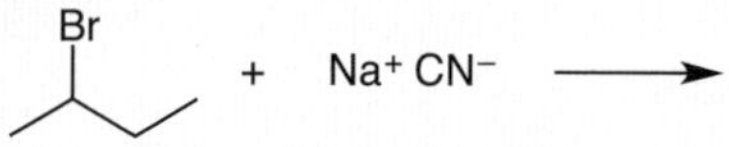 Br + Na^+CN^- ⟶

(c) 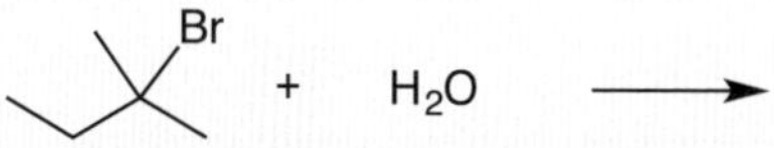 Br + H_2O ⟶

[**4.3**] 次の反応の主生成物を答えよ. (c) と (d) は生成物の立体化学も明示すること.

(a) 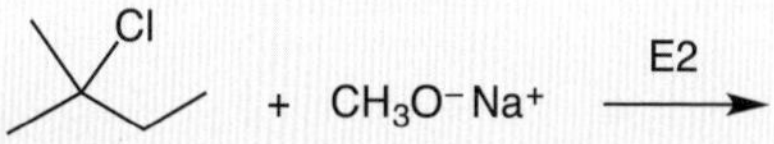 Cl + $CH_3O^-Na^+$ ⟶(E2)

(b) 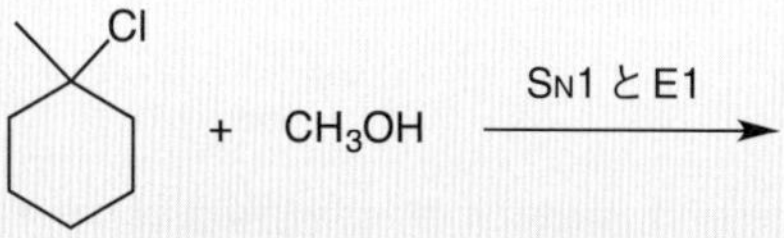 Cl + CH_3OH ⟶(S_N1 と E1)

(c) 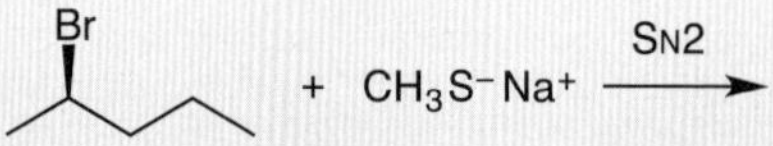 Br + $CH_3S^-Na^+$ ⟶(S_N2)

(d) 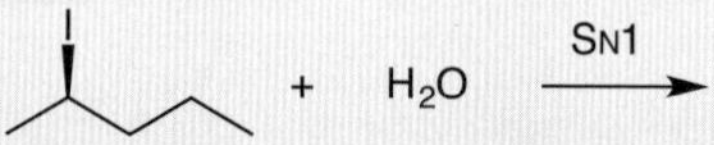 I + H_2O ⟶(S_N1)

[**4.4**] (発展) 次の化合物を臭化アルキルから, 置換反応 (S_N2) または脱離反応 (E2) を用いて合成するためには, どのような化合物を用いて反応を行えばよいか. なお, E2 反応の際には, 塩基として CH_3O^- Na^+を用いることとする.

(a) 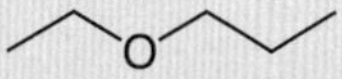 O　(b) 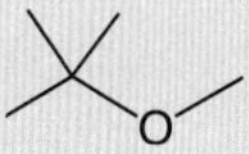 O　(c)

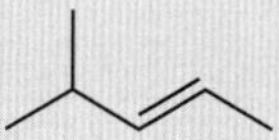

第5章

有機化学反応　II

Introduction

C=C 結合や C≡C 結合を持つ化合物は**不飽和化合物**と呼ばれる．本章では，アルケンの C=C 結合の反応性について述べた後，ブタジエンなどの共役 π 電子系化合物を取り上げる．

5-1　アルケンに対する求電子付加反応

C=C 結合は σ 結合と π 結合からなるが，それらの結合に収容された電子のうち，π 電子は σ 電子と比べて原子核による束縛が小さいため動きやすく，反応に関与しやすい．アルケンの重要な反応性として**求電子付加反応**がある．すなわち，アルケンの π 電子が求電子種を攻撃して開始される反応である．

(a) ハロゲン化水素の付加

アルケンに対して塩化水素（HCl）を反応させると，アルケンの π 電子がプロトンを攻撃し，生成したカルボカチオン中間体を Cl^- が攻撃して付加生成物を与える（図 5.1）．

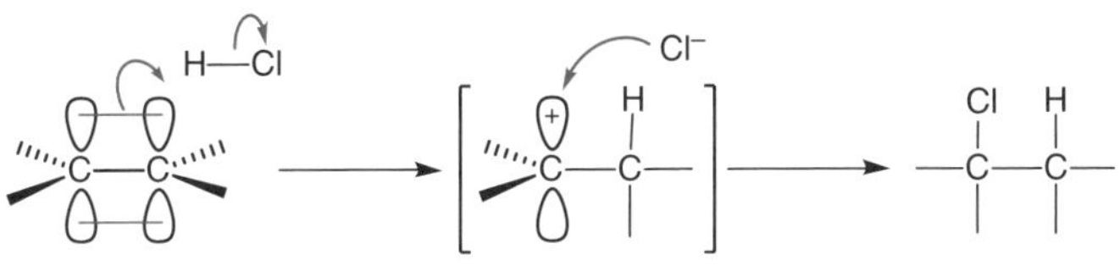

図 5.1　アルケンと塩化水素の反応

以下の例では，C=C 結合に対する最初のプロトン化が，より安定な第三級カルボカチオン **A** を生成するように起こり，塩化 t-ブチルが生成する．一方，他の側に反応したとすると，不安定な第一級カルボカチオン **B** が生成してしまうため，不利である．このように，位置選択性（配向性）はカルボカチオン中間体の相対的な安定性で決まり，経験則（**マルコフニコフ則：Markovnikov rule**）としてまとめられている（図 5.2）．

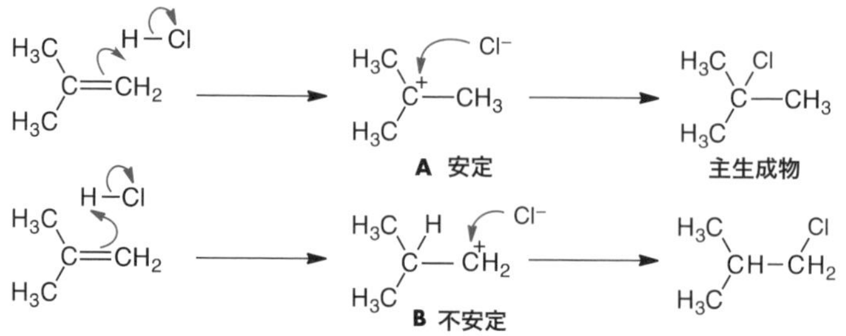

図 5.2　塩化水素の付加における位置選択性

(b) 水和反応

希硫酸を用いて同様の反応を行うと，水がアルケンに付加し，アルコールが得られる．これを**水和反応**という．この過程はアルコールの酸触媒による脱水反応の逆反応である（図 5.3）．

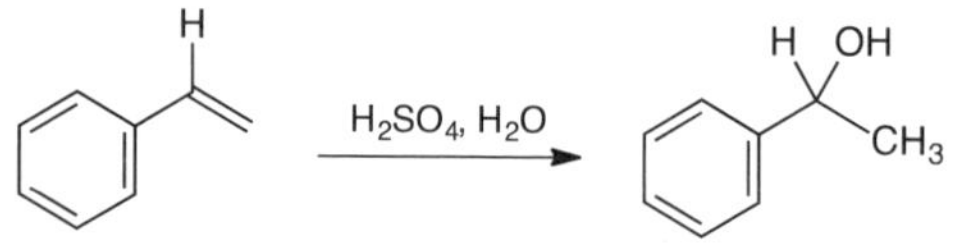

図 5.3　スチレンと希硫酸の反応（水和反応）

(c) ハロゲンの付加

アルケンに臭素（赤褐色）や塩素（黄色）を加えると，速やかに退色し，1,2-ジハロゲン化物が生成する．環状アルケンを用いた反応において明らかなように，二つのハロゲン原子は，分子面に対して互いに反対側から導入される．この反応形式を**トランス付加（アンチ付加）**といい，これは以下のように説明される．すなわち，まず臭素分子に C=C 結合の π 電子が近づいて Br^- が追い出され，ブロモニウムイオン中間体 **A** が生成する．続いて，この **A** を Br^- が反対側の面から攻撃し，トランス体が生成する（図 5.4）．

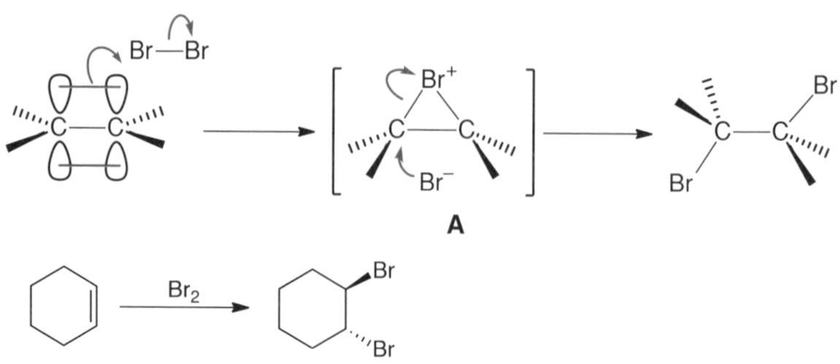

図 5.4　アルケンに対するハロゲンのトランス付加反応

(d) 酸化反応

これ以外にもアルケンはさまざまな反応性を示す．以下に，アルケンを出発物質として，エポキシド，1,2-ジオールを得る反応（エポキシ化反応，ジヒドロキシ化反応*1）を示す．また，オゾン酸化反応では，オゾニドの生成により C=C 結合を切断して，最終的にジカルボニル化合物を得ることができる（図 5.5）.

＊1　$KMnO_4$を用いてこの変換を行うためには，塩基性条件で低温において反応する必要がある．

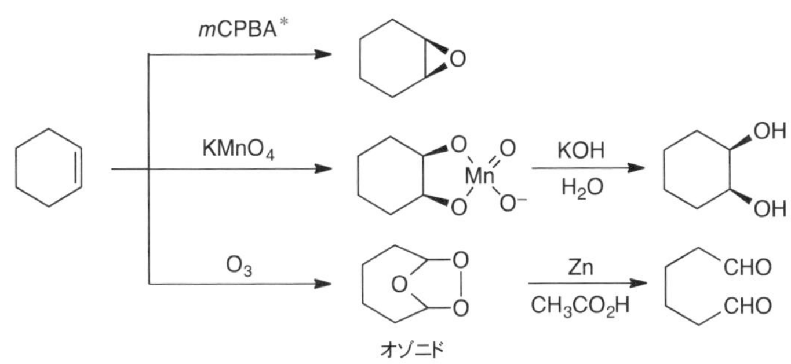

図 5.5　アルケンの酸化反応の例

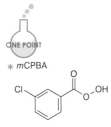

ONE POINT

＊ mCPBA

m-クロロ過安息香酸

5-2　アルケンの水素化反応

遷移金属触媒（Pt，Pd，Ni）を用い，アルケンに水素を反応させると，二重結合に水素が付加した生成物が得られる．これを**触媒的水素化反応**という（**接触還元**，**接触水素化**とも呼ばれる）．この反応は水素分子が触媒表面に吸着されて起こるので，立体化学的には二重結合に対して 2 つの水素原子が同じ側から付加する（**シス付加**，**シン付加**）（図 5.6）.

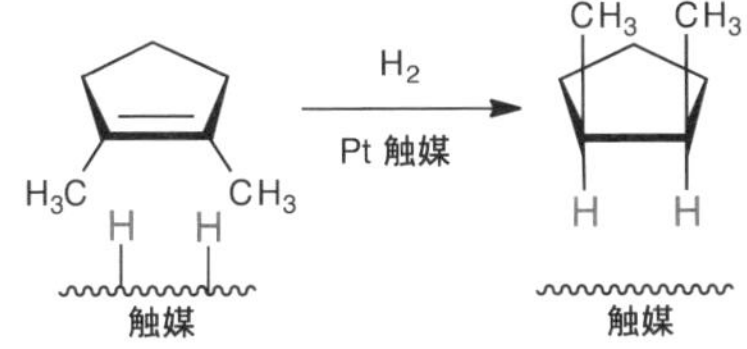

図 5.6　アルケンの触媒的水素化反応

アルケンの水素化反応は発熱過程である．その際に生じる熱は**水素化熱***2 と呼ばれ，その値を比べることにより，出発物質のアルケンの相対的なエネルギー的安定性を見積もることができる．

＊2　水素化熱については，6 章のベンゼンの項も参照のこと．

一例として，2-ブテンの異性体であるトランス体 **A**，シス体 **B** をそれぞれ水素化し，ブタンに変換したときの発熱量を比較すると，**B**>**A** となる（図 5.7）．このことは以下のように説明される．すなわち，シス体 **B**

では2つのメチル基同士が接近しており，エネルギーが高いため，水素化に際し，トランス体 **A** よりも大きな発熱がある．

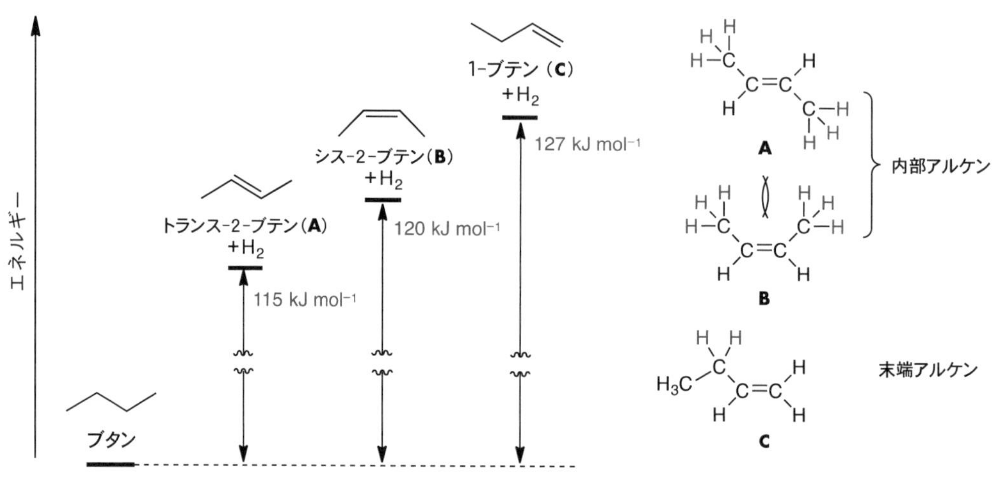

図 5.7 ブテンの異性体の水素化熱

発展 内部アルケンの安定性

同じ炭素数のアルケンを比べると，C=C 結合が炭素鎖の内部にある**内部アルケン**の方が末端にある**末端アルケン**よりもエネルギー的に安定である．例えば，1-ブテン（**C**）（図 5.7）の水素化熱が内部アルケン **A**，**B** よりも大きいことも，このことを反映したものである．この傾向は前述（32～33 ページ）の超共役効果によるものである．すなわち，C=C 結合に対して隣接位の C−H 結合が超共役効果をもたらすので，この効果を持つ C−H 結合の数の多い方が，より大きな安定化をもたらすのである．内部アルケン **A**，**B** ではこのような C−H 結合が 6 つあるが，末端アルケン **C** では 2 つしかない．

5-3 π電子の共役：ブタジエン

1,3-ブタジエンの中央の C−C 結合の長さは 147 pm であり，エタンの C−C 結合長（154 pm）よりも短い*．一方，その C=C 結合長（137 pm）はエチレンの C=C 結合の長さ（134 pm）よりも長い．このことは $\mathbf{A}_1$ および $\mathbf{A}_2$ の共鳴構造を考えれば，中央の C−C 結合が二重結合性を帯びていることと一致している．このように複数の C=C 結合が単結合を介して並んでいる場合，**共役二重結合**と呼ぶ（図 5.8）．このような化合物は非共役の二重結合を同数持つ化合物に比べ，エネルギー的に安定化している．

* 1 pm＝10×10^{-12} m
非 SI 単位であるÅ（オングストローム）が使われることがある．
1Å＝100 pm

$$H_2\bar{C}-CH=CH-\overset{+}{C}H_2 \longleftrightarrow H_2C=CH-CH=CH_2 \longleftrightarrow H_2\overset{+}{C}-CH=CH-\bar{C}H_2$$

A₁ A₂

147 pm, 137 pm, 154 pm, 134 pm

$$H_2C{=}CH{=}CH{=}CH_2 \quad H_3C-CH_3 \quad H_2C=CH_2$$

図 5.8 1,3-ブタジエンの共鳴構造

共役ジエンの反応 共役化合物の反応性は，単純アルケンとは異なる．例えば1,3-ブタジエンにHBrを反応させると，1つのC=C結合にHとBrが付加した生成物（**1,2-付加体**）のほかに，C1とC4にHとBrが付加し，C=C結合がC2，C3間に移動した生成物（**1,4-付加体**）が得られる（図5.9）．

$$\underset{1\ \ 2\ \ \ 3\ \ \ 4}{H_2C=CH-CH=CH_2} + HBr \longrightarrow \underset{1\,2}{H_2\overset{H}{C}-\overset{Br}{C}H-CH=CH_2} + \underset{1\qquad\qquad 4}{H_2\overset{H}{C}-CH=CH-\overset{Br}{C}H_2}$$

1,2-付加体 1,4-付加体

図 5.9 1,3-ブタジエンに対する1,2-付加と1,4-付加

後者はどのようにできるのだろうか．まず，プロトンがC=C結合に求電子付加するが，その位置はC1位とC2位の2通りがある．C2位にプロトンが付加して生じる**A**は第一級カチオンなので，不利である．一方，末端炭素にプロトンが付加した**B**は第二級カチオンであることに加え，さらに残った二重結合と共役安定化できるので，大変有利である．このようにC=C結合に隣接したカルボカチオンを**アリルカチオン**と呼ぶ*．2つの共鳴構造が描けるので，正電荷の寄与は2位炭素と4位炭素にある．Br^-が2位炭素を攻撃すれば1,2-付加体，4位炭素を攻撃すれば1,4-付加体となる（図5.10）．

ONE POINT

* $CH_2=CH-CH_2$-はアリル基と呼ばれる．

$$H^+ \quad H_2C=CH-CH=CH_2 \longrightarrow \left[H_2\overset{H}{C}-\overset{+}{C}H-CH=CH_2 \longleftrightarrow H_2\overset{H}{C}-CH=CH-\overset{+}{C}H_2 \right]$$

B C

$\downarrow Br^-$

$$H_2\overset{+}{C}-CH_2-CH=CH_2 \quad \text{A}$$

$$H_2\overset{H}{C}-\overset{Br}{C}H-CH=CH_2 + H_2\overset{H}{C}-CH=CH-\overset{Br}{C}H_2$$

1,2-付加体 1,4-付加体

図 5.10 1,3-ブタジエンに対するHBr付加の反応機構

Column はたらく有機分子②

共鳴効果は，共役π電子系を通じて遠くまで伝達されるという特徴がある．例えば，3つのC=C結合が共役し，その端にカルボニル基がある系について共鳴構造 **A**$_0$～**A**$_4$を考えると（図5.11），カルボニル基の炭素(C1)においてのみならず，C3，C5，C7の電子密度も減少することがわかる．すなわち，σ結合を通じた誘起効果とは対照的に，共鳴効果は距離を経ても減衰しにくい．これはπ電子の動きやすさによるものである．また，極性が交互に変化することも特徴的で，共役π電子系の化学や導電性高分子の基礎となっている．

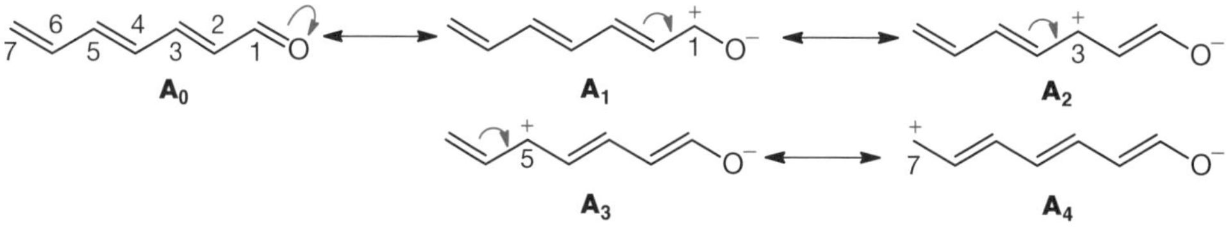

図5.11　共役π電子系を通じて共鳴効果は遠くまで伝達される

ポリアセチレン **B**（図5.12）は，アセチレンの重合により合成できる共役ポリエン構造を持つ高分子である．白川英樹（2000年，ノーベル化学賞受賞）は，ヨウ素処理により，この高分子の導電性が飛躍的に高まることを発見し，この分野の発展を促した．

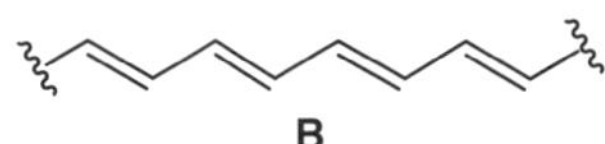
B

図5.12　ポリアセチレンの構造

撮影：菅野和彦

白川 英樹

1936年～

章末問題

［**5.1**］ 次の各反応の主生成物を答えよ．必要な場合は立体化学も明示せよ．

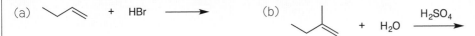

(c) + Br_2 ⟶

(d) $\xrightarrow[\text{H}_2\text{O, NaOH}]{\text{KMnO}_4}$

(e) $\xrightarrow[\text{2. Zn, CH}_3\text{CO}_2\text{H}]{\text{1. O}_3}$

(f) $\xrightarrow[\text{Pt 触媒}]{\text{H}_2}$

(g) $\xrightarrow{m\text{CPBA}}$

［**5.2**］ 次の３種類のアルケンを，安定性が低い方から増大する順番に並べよ．

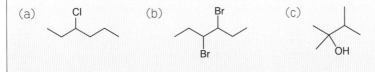

［**5.3**］ 次の各化合物をアルケンから合成する方法を考え，反応式で示せ．

(a) Cl

(b) Br, Br

(c) OH

(d) HO, OH

(e) O

［**5.4**］（発展）次の各共役ジエンと HBr の 1,2-付加および 1,4-付加生成物の構造を答えよ．生成物のシス-トランス異性体は考慮しなくてよい．

第6章 芳香族化合物

Introduction

ベンゼンに代表される芳香族化合物（図 6.1）は，環状の共役系化合物として独特の安定性，反応性を示す．第6章では，ベンゼンの特異な性質と，その代表的な反応性としての求電子置換反応について学ぶ．

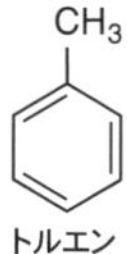

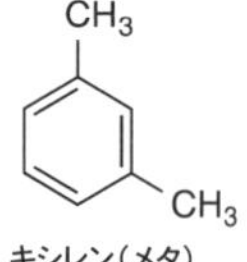

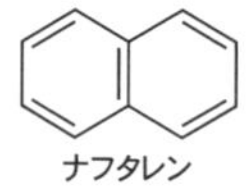

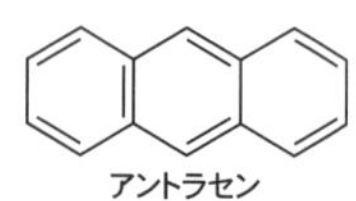

図 6.1　代表的な芳香族化合物の構造式

6-1　芳香族化合物

第5章では，共鳴効果が π 共役系を通じて遠くまで伝わることを学んだ．こうした共役系が環の中に閉じ込められるとどうなるだろうか．その端的な例がベンゼンであり，特異な化学的安定性を示す．ベンゼンの水素化反応は 208 kJ mol^{-1}の発熱過程であるが，これを単純にシクロヘキセンの水素化熱（120 kJ mol^{-1}）の3倍と比べると，152 kJ mol^{-1}だけ発熱が少ないので，ベンゼンにはその分だけ特別な安定化があることになる（図 6.2）．

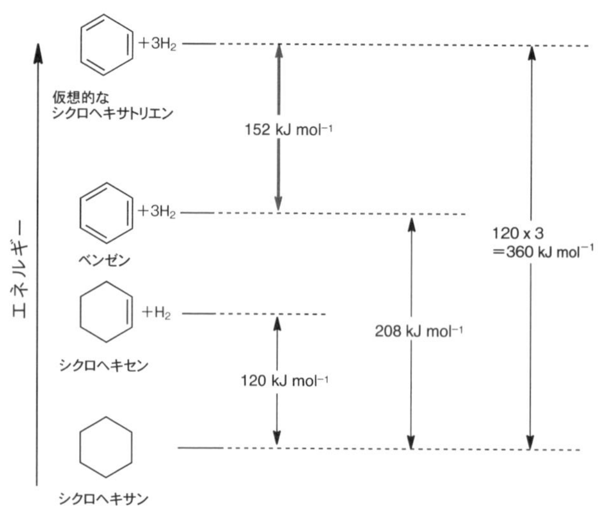

図 6.2　ベンゼンとシクロヘキセンの水素化熱の比較

また，ベンゼンは，通常の不飽和化合物とは反応性が異なる．例えば，シクロヘキセンは第 5 章で学んだように，臭素と容易に反応して付加生成物を与える．これに対して，ベンゼンと臭素との反応は $FeBr_3$ などの触媒がない限り起こらず，しかも付加生成物ではなく置換生成物が得られる（図 6.3）．

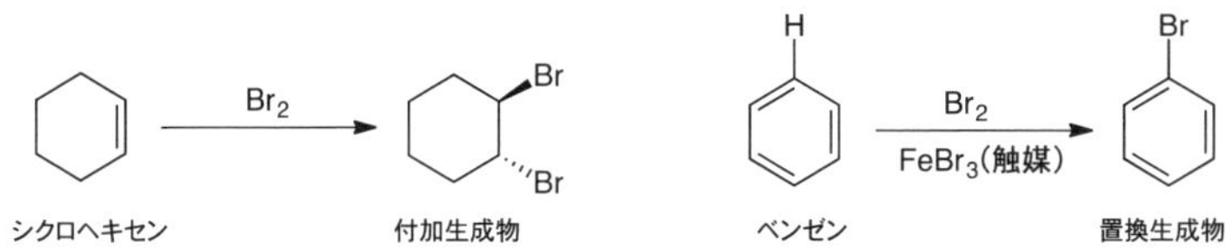

図 6.3　シクロヘキセンとベンゼンの臭素に対する反応性の違い

このような特別な安定性や反応性は何に由来するのだろう．1 つの説明は，環状構造による分子軌道の特別な重なりにある．このことは以下のように，シクロヘキサトリエン構造（ケクレ構造とも呼ばれる）の，2 つの共鳴構造 $\mathbf{B_1}$，$\mathbf{B_2}$ の寄与により説明される（図 6.4）．実際，**C** に示すように，ベンゼンのすべての C−C 結合ならびに C−H 結合は同一平面内にあり，6 つの炭素原子の軌道はすべて sp^2 混成で，その平面の上下に垂直にぐるりと六つの p 軌道が並んでおり，これらの p 軌道は互いに両隣の p 軌道と重なることができる．その結果，ベンゼンの C−C 結合の長さはすべて等しく 140 pm である．これは，C−C 単結合（154 pm）と C=C 結合（134 pm）の長さの中間に相当する．

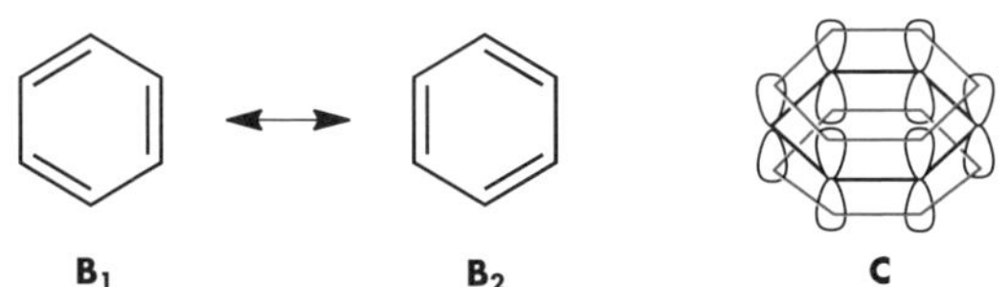

図 6.4　ベンゼンの共鳴構造と炭素 p 軌道の重なり

6-2　芳香族求電子置換反応

求電子置換反応は，ベンゼンをはじめとする芳香族化合物に特徴的な反応性である．この反応は付加，脱離の 2 段階を経由する．ベンゼンは共鳴安定化しているため，その π 電子の求電子剤（E^+）との反応性は，通常のアルケンの π 電子に比べて低いが，反応性の高い求電子剤（E^+）であれば，ベンゼンの π 電子が攻撃し，カチオン中間体 **A** を生成する．これは，3 つの共鳴構造式からもわかるように，比較的安定化されている．

ここまではアルケンの求電子付加反応と似ているが，ベンゼンの場合には求電子剤が結合した炭素からプロトンが脱離する．これは芳香族の共鳴安定化を取り戻そうとして，第2段階が付加反応ではなく，脱離反応となるためである．反応全体では，ベンゼンの一つの水素がEと置換される（図6.5）．

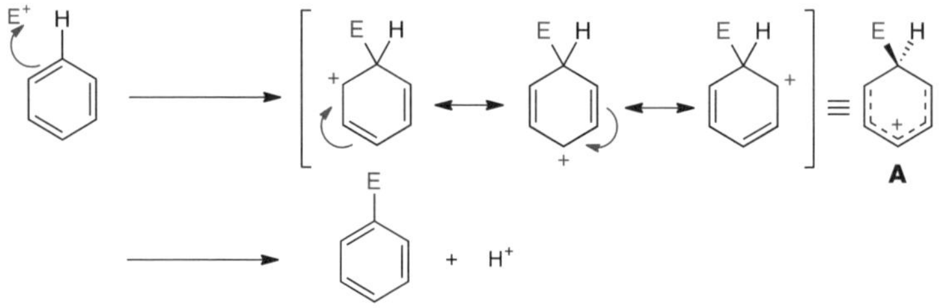

図 6.5　ベンゼンの求電子置換反応の機構

ここではベンゼンといくつかの求電子剤との反応を見てみよう．

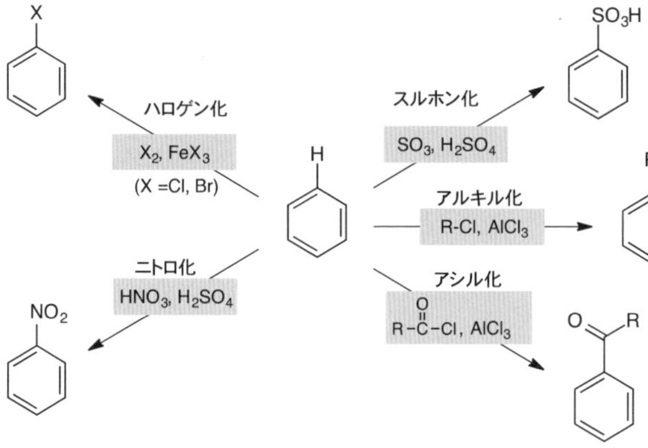

図 6.6　ベンゼンと種々の求電子剤との反応

ハロゲン化反応：ハロゲン化鉄（Ⅲ）（FeX_3）を触媒とし，ベンゼンを塩素や臭素と反応させると，ベンゼン環の水素がハロゲンで置換された生成物が得られる．触媒の FeX_3 はルイス酸として働き，式（6.1）のようにハロゲン分子を分極させ，求電子反応を促している．

$$Br{-}\ddot{Br}\ \ FeBr_3 \rightleftharpoons Br{-}\overset{+}{Br}{-}\overset{-}{Fe}Br_3 \rightleftharpoons \overset{+}{Br}\ \ \overset{-}{Fe}Br_4 \qquad (6.\ 1)$$

ニトロ化反応：ベンゼンのニトロ化では，濃硝酸と濃硫酸とを混合して発生するニトロニウムイオン（NO_2^+）が求電子剤である．

$$\mathrm{O{=}\overset{+}{N}(O^-){-}OH \underset{}{\overset{H^+}{\rightleftharpoons}} O{=}\overset{+}{N}(O^-){-}\overset{+}{O}H_2 \overset{-H_2O}{\rightleftharpoons} O{=}\overset{+}{N}{=}O} \qquad (6.2)$$

ニトロニウムイオン

スルホン化反応：発煙硫酸の中で，三酸化硫黄 SO_3 を求電子剤とする反応である．なお，スルホン化反応は可逆であり，生成物であるスルホン酸を希硫酸中で加熱すると逆反応が起きる．

フリーデル・クラフツ アルキル化反応：ハロゲン化アルキルとルイス酸の組み合わせにより，カルボカチオン種に相当する求電子剤[*1]を発生させ，ベンゼンとの反応を行う．

＊1　R が第一級アルキル，メチルの場合は R^+ が不安定なため，求電子剤は $AlCl_3$ の錯体である．

$$\mathrm{R{-}\ddot{C}l \;\; AlCl_3 \rightleftharpoons R{-}\overset{+}{C}l{-}\overset{-}{Al}Cl_3 \rightleftharpoons R^+ \;\; \overset{-}{Al}Cl_4} \qquad (6.3)$$

フリーデル・クラフツ アシル化反応：カルボン酸塩化物とルイス酸の組み合わせにより発生するアシルカチオン（アシリウムイオン）を求電子剤とする反応により，ベンゼンにアシル基[*2]を導入することができる．

$$\mathrm{RC(=O)Cl + AlCl_3 \rightleftharpoons \left[R{-}\overset{+}{C}{=}O \longleftrightarrow R{-}C{\equiv}\overset{+}{O} \right] \overset{-}{Al}Cl_4} \qquad (6.4)$$

アシルカチオン（アシリウムイオン）

＊2　$R-C(=O)-$ はアシル基と呼ばれる．$R=CH_3$ の場合はアセチル基である．

6-3　求電子置換反応の配向性

ベンゼンの求電子置換反応では，6 つの水素のどれが置換されても同じ生成物となる．しかし，以下に示すような一置換ベンゼンの反応ではどうなるだろうか（図 6.7）．反応位置としては，置換基 A のオルト位とメタ位がそれぞれ 2 ヵ所，パラ位が 1 ヵ所なので，仮にすべての箇所の反応性が等しいとすると，生成物の比は統計的に決まり，オルト：メタ：パラ＝2：2：1 となる．しかし，実際には置換基の種類により，オルト位，パラ位での置換生成物が主になる場合，および，メタ位での置換生成物が主になる場合がある．こうした置換基を，それぞれオルト-パラ配向基，メタ配向基と呼ぶ．

A　$\xrightarrow{E^+}$　オルト + メタ + パラ

オルト－パラ配向基	メタ配向基
$-NH_2, -NHR, -NR_2$	$-\overset{+}{N}R_3$
$-OH, -OR$	$-NO_2$
$-CH_3, -CH_2R, -CHR_2, -CR_3$	$-CN$
	$-CHO, -COR$
$-F, -Cl, -Br, -I$	$-CO_2H, -CO_2R$

図 6.7　一置換ベンゼンの反応の配向基

ここでは，それぞれの代表例として，メチル基（オルト-パラ配向基）およびニトロ基（メタ配向基）を取り上げ，なぜ，そのような配向性が出てくるかを考えてみよう（図 6.8）．

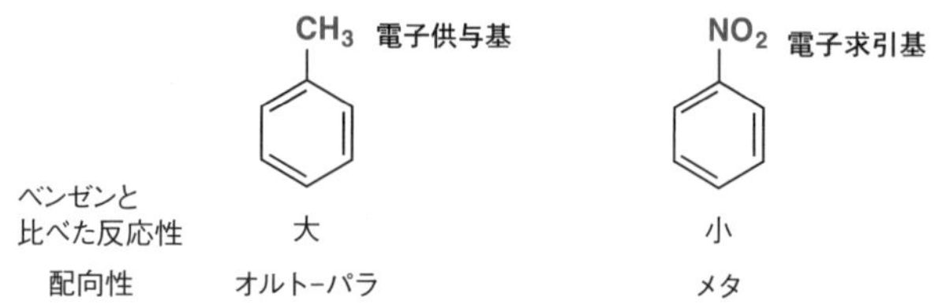

図 6.8　求電子置換反応における反応性と配向性

まず，メチル基の場合について，求電子剤（E^+）がオルト位，メタ位，パラ位を攻撃した場合の中間体を考え，それぞれ共鳴構造式を描いてみよう（図 6.9）．重要なことは，メチル基（電子供与性）の置換した炭素上に正電荷の存在する共鳴構造があるのは，オルト位またはパラ位での反応に至る中間体であるということである．この正電荷はメチル基の電子供与性により安定化されるので，中間体のエネルギーの低いオルト位またはパラ位での反応が優先する結果となることが説明される[*3]．

＊3　ヒドロキシ基の場合も同様な中間体の共鳴構造が描ける．さらに，オルト置換とパラ置換の場合，以下のような共鳴構造も描ける．

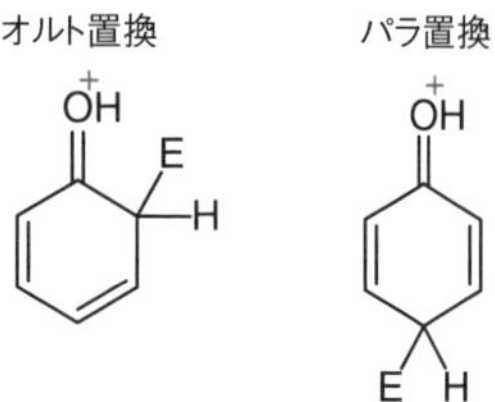

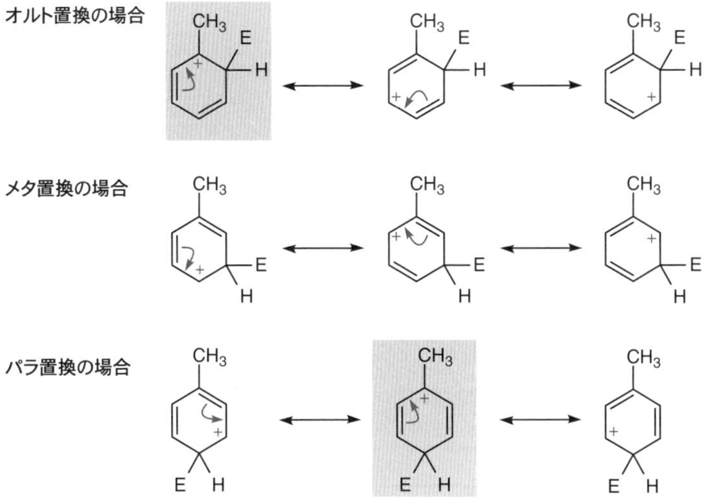

オルト置換の場合
CH3
E
H
メタ置換の場合
パラ置換の場合

図 6.9 トルエンと求電子剤（E^+）との反応における中間体

一方，ニトロベンゼンではどうだろう（図 6.10）．ニトロ基は強力な電子求引性を持つので，ニトロベンゼンでは環の π 電子密度が下り，求電子種に対する反応性はベンゼンよりも低くなる．ここでもカルボカチオン中間体の共鳴構造を描いてみよう．図 6.9 の例とは異なり，ニトロ基は電子求引性基なので，その根本の炭素上に正電荷を持つ共鳴構造が不安定化される．したがって，このような不利な共鳴構造の寄与のないメタ位での反応が主となる．

オルト置換の場合
NO2
E
H
メタ置換の場合
パラ置換の場合

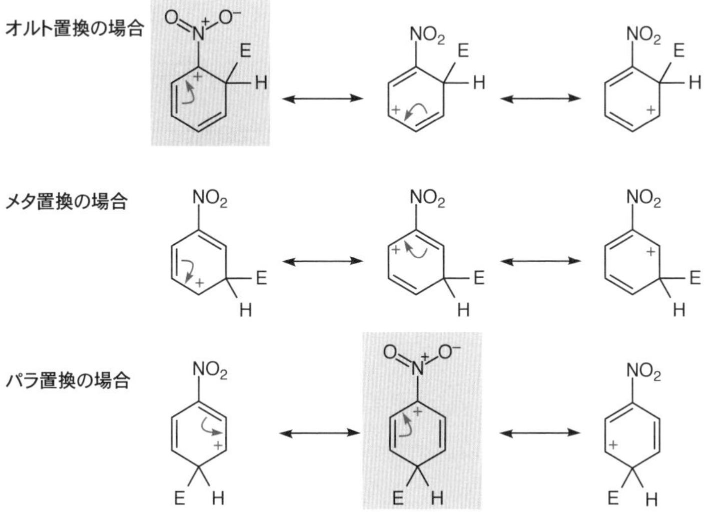

図 6.10 ニトロベンゼンと求電子剤（E^+）との反応における中間体

Column ケクレの夢

ベンゼンは，1825 年，ファラデーによって油煙の中から見いだされた．分子式が C_6H_6 であることは早くにわかったが，分子構造については諸説があった．決着をつけたのはケクレであった．ある日，夢で見た 1 匹の蛇が自らの尻尾を咬んで輪になっている様子がヒントになったという逸話がある．ケクレがベンゼンの構造を提唱したのは，1865 年のことであった．

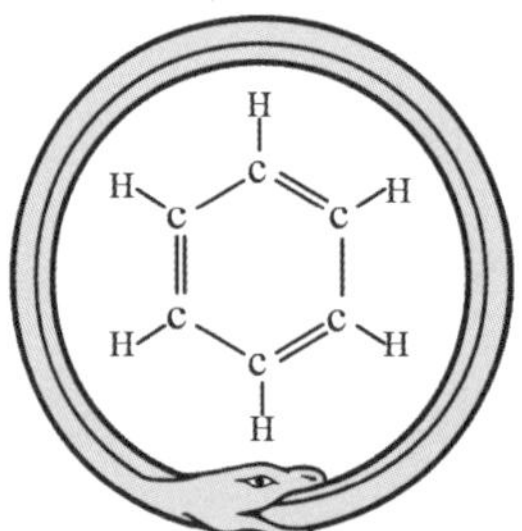

Formule chimique développée du benzène inscrite dans le dessin de l'Ouroboros（serpent qui se mord la queue）was illustrated by Haltopub in 2013.

アウグスト・ケクレ
1829〜1896 年

章末問題

[**6.1**] 次の芳香族求電子置換反応における中間体の共鳴構造を，図 6.5 にならって書け．

(a)

+ SO_3 $\xrightarrow{H_2SO_4}$ (SO_3H)

(b)

+ $CH_3CH_2–Cl$ $\xrightarrow{AlCl_3}$ (CH_2CH_3) + HCl

[**6.2**] 次の各化合物を HNO_3 と H_2SO_4 でモノニトロ化したときの主生成物（複数の場合もある）を構造式で答えよ．

(a) OH (b) NO_2 (c) CO_2H (d) CH_3

[**6.3**] 次の各反応の主生成物（複数の場合もある）を構造式で答えよ．

(a) CHO + Br_2 $\xrightarrow{FeBr_3}$

(b) Br + HNO_3 $\xrightarrow{H_2SO_4}$

(c) CO_2H + SO_3 $\xrightarrow{H_2SO_4}$

(d) OCH_3 + Cl $\xrightarrow{AlCl_3}$

(e) CH_3 + O Cl $\xrightarrow{AlCl_3}$

[**6.4**]（発展） 次の各化合物をベンゼンから合成するための反応を示せ．ただし，パラ体とオルト体は分離できるものとする．

(a) Br NO_2 (b) Cl (c) O

第7章 カルボニル化合物

Introduction

第7章ではアルデヒドやケトン，さらにカルボン酸誘導体（図7.1）の性質や反応性について学ぶ.

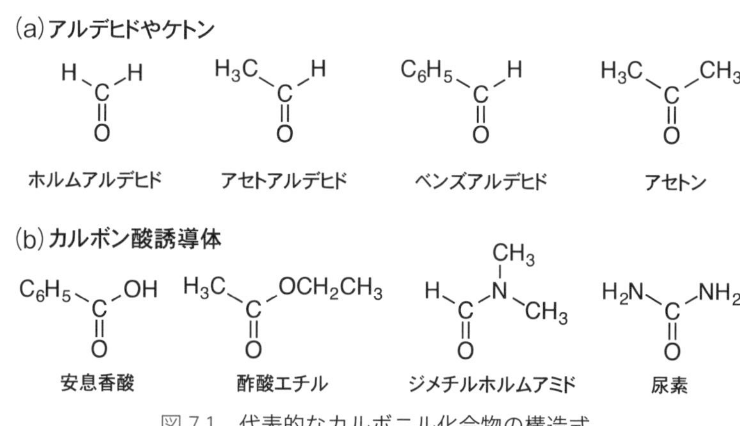

図7.1　代表的なカルボニル化合物の構造式

7-1　カルボニル化合物の反応性

カルボニル基（C＝O）は炭素と酸素の電気陰性度の違いにより，**A**のように分極している．炭素原子が δ+，酸素原子が δ− なので，炭素の側で求核剤の攻撃を受ける．また，**B**のように酸素原子の非共有電子対がプロトンに配位すると，炭素原子の求電子性はさらに高まり，求核剤による攻撃を一層受けやすくなる（図7.2）.

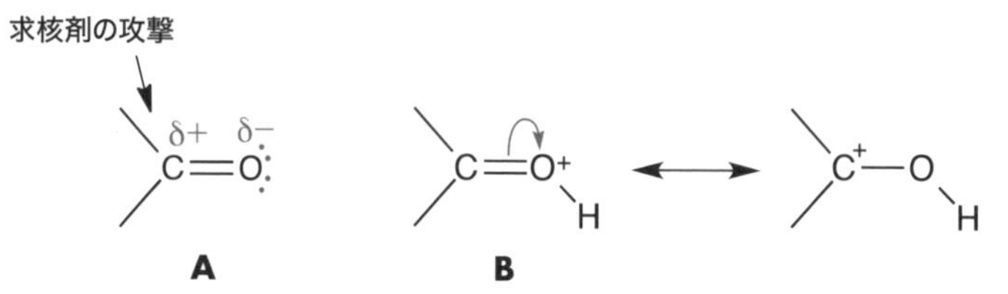

求核剤の攻撃

A　**B**

図7.2　カルボニル基の分極とプロトン化

7-2　アルデヒドおよびケトンの反応

カルボニル基に対する求核付加反応において，一般にアルデヒドはケトンよりも反応性が高い．それには２つの理由がある．１つは立体的な理由であり，アルデヒドの方が立体障害が小さく，求核剤が接近しやすいことによる．もう１つは電子的な理由であり，ケトンでは電子供与性のアルキル基の存在によりカルボニル炭素の δ+ 性が減り，求核剤の攻撃を受けにくくなる（図 7.3）．

$$(H_3C)(H)C^{\delta+}{=}O^{\delta-} \quad > \quad (H_3C)_2C^{\delta+}{=}O^{\delta-}$$

図 7.3　求核付加反応の起こりやすさ

水の付加　ケトンやアルデヒドは水と反応し，平衡的に水和物を形成する．この平衡反応は，酸または塩基により触媒される．酸触媒下では，プロトン化されたカルボニル基に水が求核付加する〔式（7.1）〕．一方，塩基触媒下では求核性の高い水酸化物イオンがカルボニル基を攻撃し，生成したアルコキシドイオンが水からプロトンを受け取る〔式（7.2）〕．この平衡は，ホルムアルデヒドやクロラール*など，一部の特殊な化合物を除き，一般にカルボニル化合物の側に偏っている．

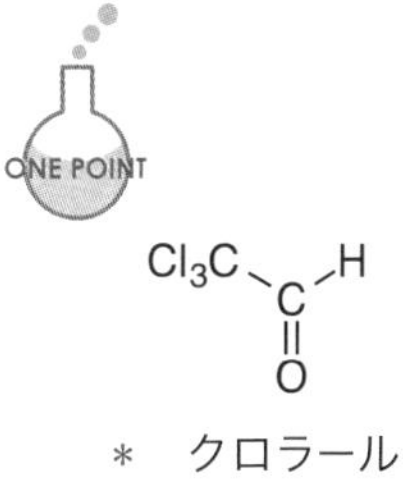

＊　クロラール

(a) 酸触媒下の水の付加反応

$$(H_3C)_2C{=}O \xrightleftharpoons{H_3O^+} (H_3C)_2C{=}\overset{+}{O}H \xrightleftharpoons{:OH_2} (H_3C)_2C(OH)(\overset{+}{O}H_2) \xrightleftharpoons{-H^+} (H_3C)_2C(OH)_2 \tag{7.1}$$

水和物

(b) 塩基触媒下の水の付加反応

$$(H_3C)_2C{=}O \xrightleftharpoons{OH^-} (H_3C)_2C(O^-)(OH) \xrightleftharpoons{H_2O} (H_3C)_2C(OH)_2 + OH^- \tag{7.2}$$

シアノヒドリンの生成　カルボニル基にシアン化水素（HCN）が付加した化合物は，**シアノヒドリン**と呼ばれる．HCN は常温で有毒な気体（常温）であるため，実際の反応では NaCN に酸を加えて系内で発生させる．まず，求核性の高い CN^-がカルボニル基に求核攻撃し，生じたアルコキシドがプロトン化されると，シアノヒドリンが生成する〔式（7.3）〕．

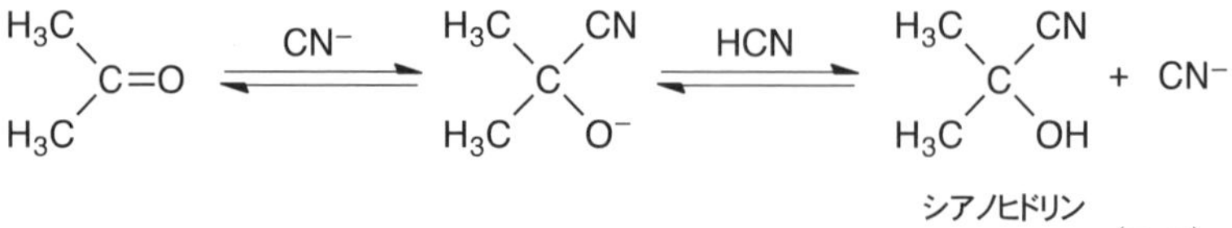

$$\mathrm{(H_3C)_2C{=}O} \underset{}{\overset{\mathrm{CN^-}}{\rightleftharpoons}} \mathrm{(H_3C)_2C(CN)O^-} \overset{\mathrm{HCN}}{\rightleftharpoons} \mathrm{(H_3C)_2C(CN)OH} + \mathrm{CN^-} \quad (7.3)$$

シアノヒドリン

7-3　カルボン酸およびその誘導体の反応

カルボン酸は酸性を示すことが特徴的である．加えて，アルコールやアミンなどと反応し，エステル，アミドなどの多様な誘導体を生成するという特徴もある．エステル結合，アミド結合は生体分子を含む種々の化合物に含まれるほか，ポリエステル，ポリアミドなど高分子化合物を構成する結合としても重要である．

エステルの加水分解　エステルのアルカリ加水分解反応は**けん化反応**とも呼ばれる（図 7.4）．反応は，まず OH^- イオンがカルボニル基に求核攻撃し，中間体 **A** を生成する．一般に，この **A** のような付加体を四面体形中間体という．ここからアルコキシドイオンが脱離し，カルボン酸 **B** が生成する．ここで重要なことは，生成したカルボン酸 **B** の水素がアルコキシドにより直ちにプロトンとして引き抜かれることである．こうして生成したカルボキシラート **C** では，O^- からの誘起効果，共鳴効果による電子供与によって，カルボニル炭素の求電子性（$\delta+$ 性）が著しく低下しており，これに対する OH^- の攻撃は起こらないので，逆反応は起こらない．反応後，反応液を酸性にすれば，カルボン酸が得られる．

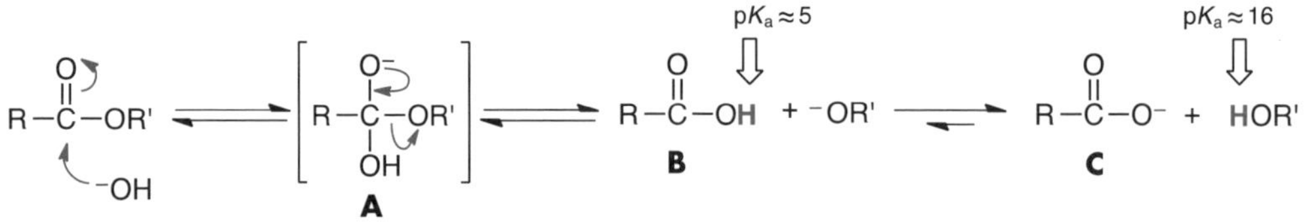

$$\mathrm{R{-}C({=}O){-}OR'} + {}^-\mathrm{OH} \rightleftharpoons \left[\mathrm{R{-}C(O^-)(OH){-}OR'}\right]_{\mathbf{A}} \rightleftharpoons \underset{\mathbf{B}\ (\mathrm{p}K_a \approx 5)}{\mathrm{R{-}C({=}O){-}OH}} + {}^-\mathrm{OR'} \rightleftharpoons \underset{\mathbf{C}}{\mathrm{R{-}C({=}O){-}O^-}} + \underset{(\mathrm{p}K_a \approx 16)}{\mathrm{HOR'}}$$

図 7.4　エステルのアルカリ加水分解

エステルは酸性条件でも加水分解する（図 7.5）．けん化とは対照的に，この反応は平衡反応であり，過剰の水を用いて反応を行うと加水分解が有利になる．この過程は酸触媒によるエステル化の逆反応であり，過剰のアルコールを用いて生成する水を取り除くと，エステル化が有利になる．

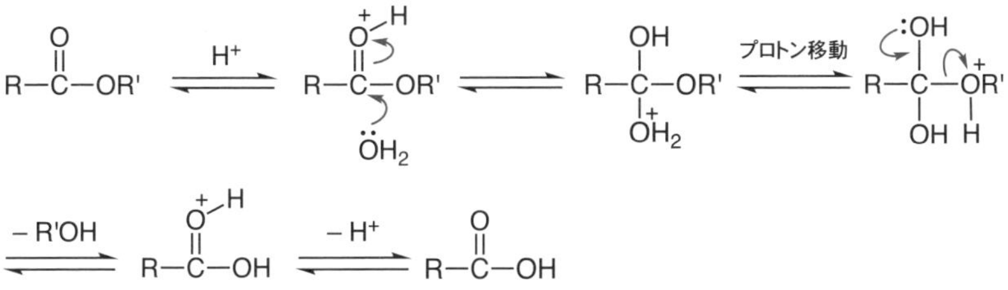

図 7.5　酸触媒によるエステルの加水分解

7-4　カルボニル化合物の還元

アルデヒドやケトンなどのカルボニル化合物を還元すると，対応するアルコールが得られる．$NaBH_4$や$LiAlH_4$は，この目的に用いられる金属水素化物であり（図 7.6），ヒドリド（H^-）の供給源として機能する．いずれも市販で入手できるが，$LiAlH_4$は反応性が高く，水やアルコールなどのプロトン性溶媒と反応して水素を発生して分解するため，ジエチルエーテルなどの非プロトン性溶媒中で用いられる[*1]．

＊1　アルコールなど，電離してプロトンを生じる溶媒を**プロトン性溶媒**，それ以外の溶媒を**非プロトン性溶媒**と呼ぶ．

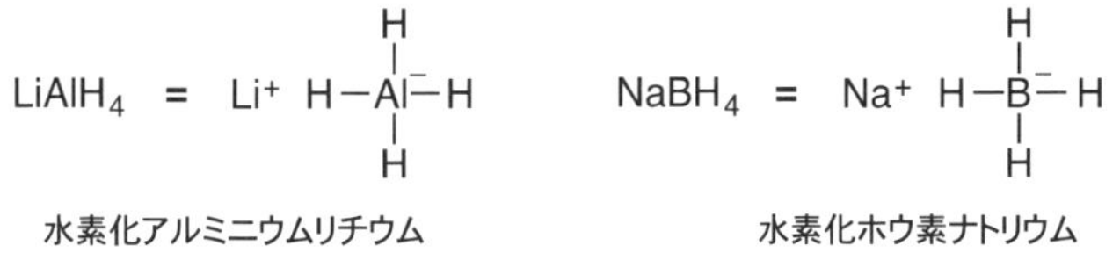

図 7.6　$LiAlH_4$と $NaBH_4$の構造式

反応では，これらの金属水素化物から供給されるヒドリド（H^-）がカルボニル基に求核攻撃する．生成したアルコキシド **A** をプロトン化すると，アルコールが得られる．アルデヒドからは第一級アルコール，ケトンからは第二級アルコールが得られる（図 7.7）．

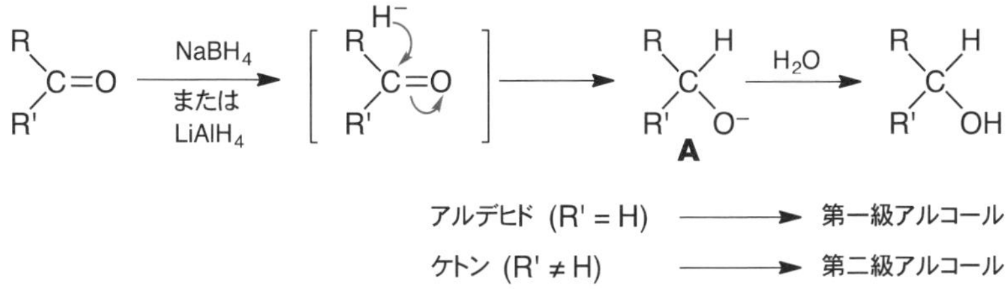

図 7.7　カルボニル化合物のヒドリド還元

エステルは，図 7.8 の共鳴構造式からわかるように，アルコキシ基の共鳴効果による電子供与のためにカルボニル炭素の δ+ 性（求電子性）が低いので，ケトンやアルデヒドよりも求核剤の攻撃を受けにくい．しかし，強力な還元剤である $LiAlH_4$ を用いれば，エステルを還元することができる（図 7.9）．実際の反応では，2 モル分の H^- が攻撃し，第一級アルコールが得られる．すなわち，1 度目の付加による四面体形中間体からアルコキシドが脱離してアルデヒドが生成するが，これはもとのエステルよりも求電子性が高いため，さらに H^- の攻撃を受ける．

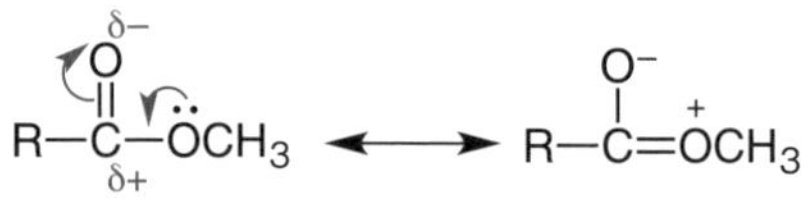

図 7.8　エステルの共鳴構造式

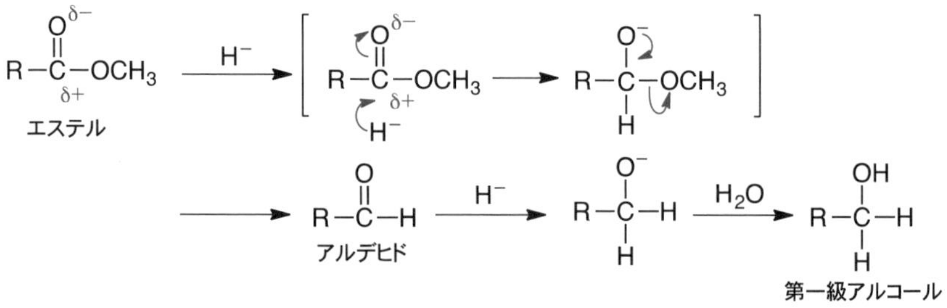

図 7.9　エステルの $LiAlH_4$ による還元

7-5　グリニャール反応

20 世紀初頭，V. Grignard（グリニャール）は次のような事実を見いだした．すなわち，臭化メチルにマグネシウム (0) を反応させると，見かけ上，Mg 原子が C−Br 結合に割り込んだ形になる〔式（7.4）〕．実際の構造はこのように単純ではないが，重要なことは C−Mg 結合の分極が電気陰性度の関係で $C^{\delta-}$，$Mg^{\delta+}$ となることである[*2]．簡単にいえば，カルボアニオン CH_3^- として，炭素求核剤としての性質を持つことになる．このような C−Mg 結合を持つ反応剤はグリニャール反応剤と呼ばれ，この反応剤を用いる反応は**グリニャール反応**と呼ばれる．

＊2　炭素-金属結合を持つ化合物は**有機金属化合物**と呼ばれる．

$$\overset{\delta+}{CH_3}-\overset{\delta-}{Br} \xrightarrow{Mg(0)} \overset{\delta-}{CH_3}-\overset{\delta+}{Mg}-\overset{\delta-}{Br} \qquad (7.4)$$

例えば，RMgX をホルムアルデヒドと反応させると，アルキル基（R^-）がカルボニル炭素に付加し，アルコキシドが生成する．これを加水分解すると，第一級アルコールが得られる（図 7.10）．アルデヒドやケトンに同様の反応を行うと，それぞれ第二級，第三級アルコールが得られる．

エステルは 2 mol のグリニャール反応剤（R”MgX）と反応し，第三級

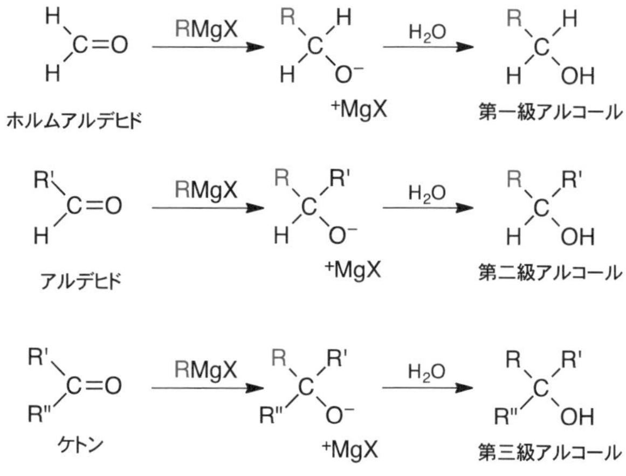

図 7.10　グリニャール反応剤とアルデヒドおよびケトンとの反応

アルコールを生成する．1 モル目の $\mathrm{R''^-}$ の攻撃で生成する四面体形中間体からアルコキシドが脱離してケトンが生成し，それが 2 モル目の $\mathrm{R''^-}$ の求核攻撃を受け，生成物となる（図 7.11）．これは，ケトンの方が出発物のエステルよりも，求核剤に対する反応性が高いためである．また，RMgX を二酸化炭素と反応させて酸性にするとカルボン酸が得られる（図 7.12）．

このようにグリニャール反応剤は C−C 結合を形成するうえで重要であるが，反応性が高く，カルボン酸やアルコールなど，酸性度の高い水素を持つ化合物には用いることができない．RMgX がプロトン化されると，R−H が生成する．

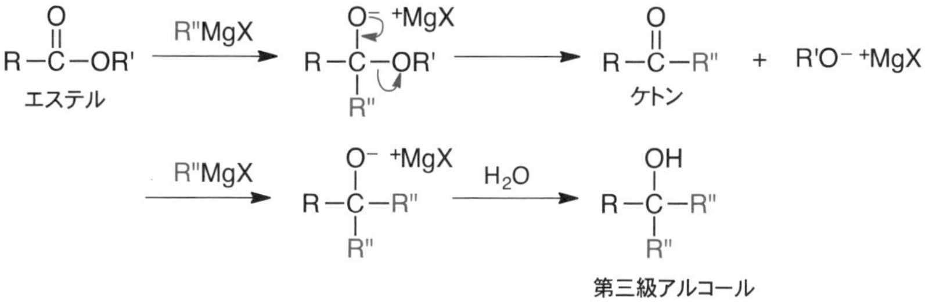

図 7.11　グリニャール反応剤とエステルとの反応

図 7.12　グリニャール反応剤と二酸化炭素との反応

Column グリニャールとバルビエ

1899年，グリニャールの師匠であるバルビエ（フランス，リヨン大学）は，エーテル中のケトンとマグネシウムの混合物に対してヨウ化メチルを加えるとアルコールが得られることを報告した．

$$\text{(ketone)} + \text{Mg} \xrightarrow[\text{エーテル}]{CH_3I} \text{(alcohol, OH)}$$

グリニャールはこの方法を改良して，前もってハロゲン化アルキルとマグネシウムから有機マグネシウム化合物を調製し，それにカルボニル化合物を反応させると，効率良くアルコールが得られることを1900年に報告した．このグリニャール反応剤の発見の業績で，グリニャールは1912年にノーベル化学賞を受賞した．その後，有機金属化合物の化学は大きく発展し，有機化合物や高分子の合成に幅広く利用されている．

ヴィクトル・グリニャール
1871〜1935年

フィリップ・バルビエ
1848〜1922年

章末問題

[**7.1**] 次の各反応の生成物を示せ.

(a) HCN / NaCN

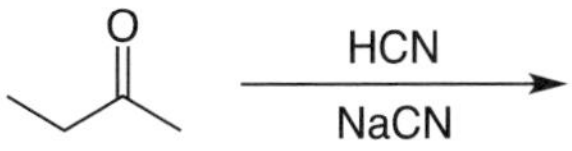

(b) H_2O

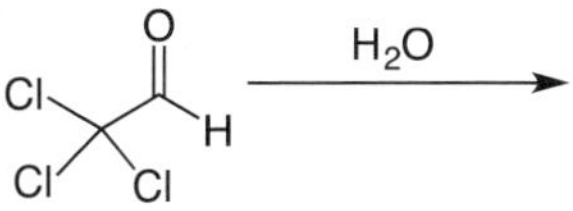

(c) CH_3OH / H^+

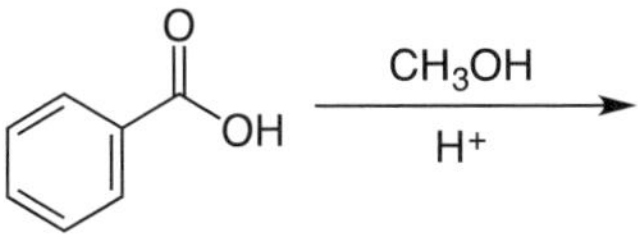

(d) 1. NaOH, H_2O 2. HCl

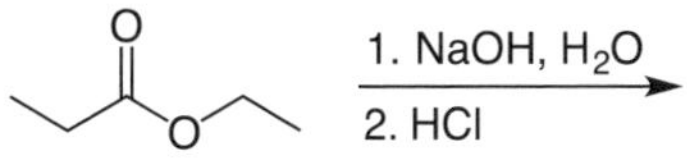

[**7.2**] 次の各反応の生成物を示せ.

(a) 1. $NaBH_4$ 2. H_2O

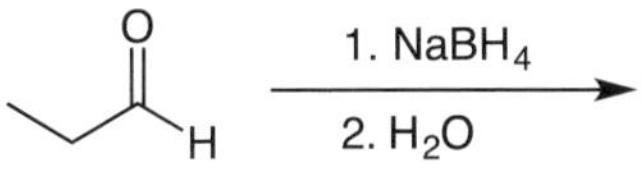

(b) 1. $LiAlH_4$ 2. H_2O

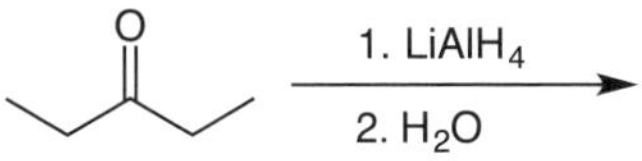

(c) 1. CH_3MgBr 2. H_2O

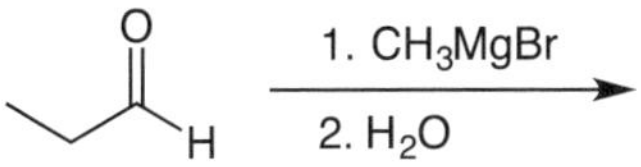

(d) 1. MgBr 2. H_2O

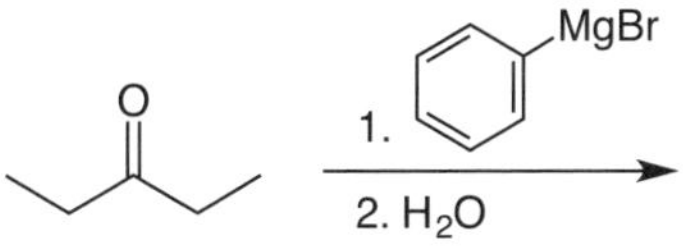

[**7.3**] 次の各反応の主生成物を構造式で答えよ.

(a) 1. MgBr 2. H_2O

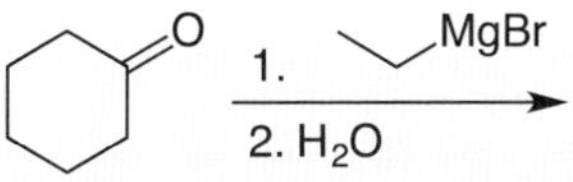

(b) 1. NaOH, H_2O 2. HCl

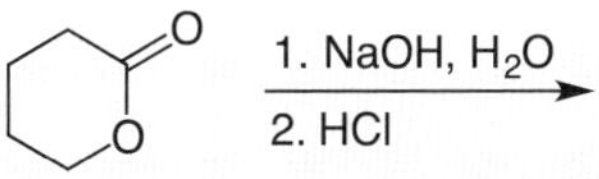

(c) H O OCH$_3$ 1. $LiAlH_4$ 2. H_2O

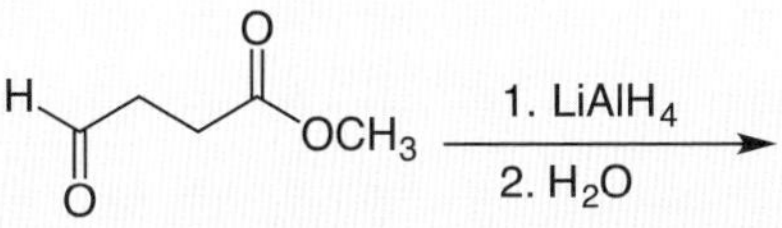

(d) H O OCH$_3$ 1. $NaBH_4$ 2. H_2O

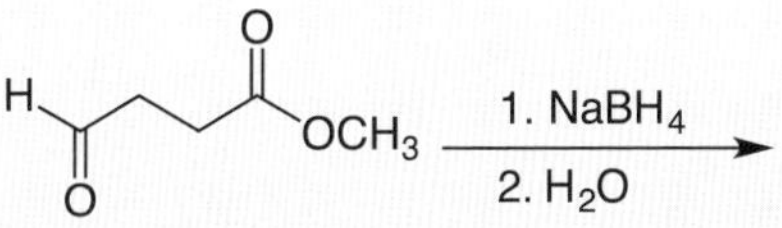

[**7.4**]（発展） カルボニル化合物（アルデヒド，ケトンまたはエステル）の還元またはグリニャール反応を用いて，以下の各化合物を合成するための反応を示せ.

(a) OH (b) OH (c) OH

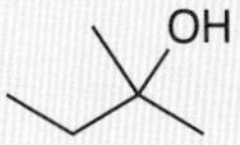

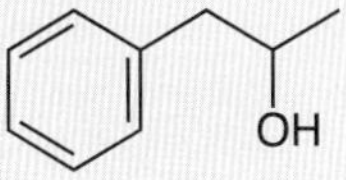

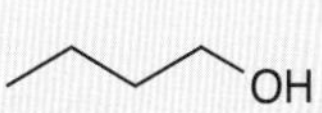

索　引

著　者

鈴木 啓介　東京工業大学 栄誉教授

後藤　 敬　東京工業大学理学院化学系 教授

豊田 真司　東京工業大学理学院化学系 教授

大森　 建　東京工業大学理学院化学系 教授

本書のご感想を
お寄せください

理工系学生のための基礎化学【有機化学編】

2023 年 4 月12日　第 1 版　第 1 刷　発行
2024 年 4 月11日　第 1 版　第 2 刷　発行

著　　者　鈴木 啓介・後藤　 敬・豊田 真司・大森　 建

発 行 者　曽根　良介

発 行 所　㈱化学同人

検印廃止

〒600-8074　京都市下京区仏光寺通柳馬場西入ル
編集部 TEL 075-352-3711　FAX 075-352-0371
営業部 TEL 075-352-3373　FAX 075-351-8301
振　替　01010-7-5702
e-mail　webmaster@kagakudojin.co.jp
URL　https://www.kagakudojin.co.jp

印刷・製本　三報社印刷㈱

ISBN978-4-7598-1126-1